高压天然气计量检定站
工艺设备技术与操作维护

闫文灿　李振林　徐明　主编

中国石化出版社

内 容 提 要

本书全面系统地对国家石油天然气大流量计量站武汉分站总体设计布局、工艺系统、关键设备、计量标准装置、检定控制系统、安全控保系统的工作原理、关键技术指标、系统组成、操作程序和故障处理方法等多个方面进行了总结，可作为从事天然气计量技术领域设计、生产和科研等工程技术人员的重要参考书，也可作为天然气流量技术领域专业培训教材。

图书在版编目(CIP)数据

高压天然气计量检定站工艺设备技术与操作维护／闫文灿,李振林,徐明主编．—北京：中国石化出版社，2019.12
ISBN 978-7-5114-5601-4

Ⅰ．①高… Ⅱ．①闫… ②李… ③徐…Ⅲ．①天然气计量—检定装置 Ⅳ．①TE863.1

中国版本图书馆 CIP 数据核字(2019)第 258241 号

中国石化出版社出版发行

地址:北京市东城区安定门外大街 58 号
邮编:100011 电话:(010)57512500
发行部电话:(010)57512575
http://www.sinopec-press.com
E-mail:press@ sinopec.com
北京富泰印刷有限责任公司印刷
全国各地新华书店经销

*

787×1092 毫米 16 开本 10.5 印张 205 千字
2019 年 11 月第 1 版 2019 年 11 月第 1 次印刷
定价:62.00 元

前　言

天然气作为一种优质、高效、清洁的绿色能源已在国民生产和生活的各个领域得到广泛应用，由于天然气为易燃、易爆，可压缩多组分混合气体，导致天然气计量一直是计量学领域的难点，开展天然气流量仪表计量检定是确保计量准确可靠的重要保障。

高压天然气计量检定站管理具有专业性强、准确度高、技术难度大等特点，目前，国内缺乏相关专业方面的参考资料。因此，中国石化天然气分公司与中国石油大学(北京)结合国家石油天然气大流量计量站武汉分站在设计、建设和生产运行工作中的经验，组织人员编写了《高压天然气计量检定站工艺设备技术与操作维护》一书。本书系统阐述了天然气计量检定站的工艺流程、天然气流量标准装置、在线分析和测量仪表、检定控制系统及安全控保等方面的知识，并收集了站场安全操作制度等资料，内容充实新颖，理论联系实际，便于读者理解，可供从事天然气计量检定站设计、生产及科研等工程技术人员阅读使用，也可作为大专院校相关专业师生参考用书。

本书由闫文灿、李振林、徐明主编。参与编写的人员有：王雁冰、裴勇涛、陆玉城、段雄伟。

在此，对在本书编写过程中给予支持的单位及人员，表示诚挚的谢意！

由于编者水平能力的局限性，该书难免存在不足或遗漏，诚请读者给予批评指正。

目　　录

第一章 高压天然气常用流量标准装置

量值溯源传递体系是按照规定不确定度的连续的比较链将计量器具测量的量值溯源至国家基准，将计量标准复现的流量量值传递到工作计量器具的全部过程，是确保量值统一、测量准确的基础。

天然气计量检定站应建立由流量标准装置构成的完整的流量量值溯源和传递体系。天然气流量量值溯源传递体系中的流量标准装置包括原级标准装置、工作级标准装置（次级标准装置）和移动式标准装置。

流量是个导出量，流量的量值要用原级标准装置来复现。常用的复现气体流量的原级标准装置包括 mt 法、$pVTt$ 法和 HPPP 法原级标准装置；次级标准装置、工作级标准装置和移动式标准装置通常是由标准表构成的标准装置。

第一节 mt 法原级标准装置

mt 法（即质量-时间法）原级标准装置是一种通过测量某一时间间隔内储气罐内气体质量的变化量来复现气体质量流量的标准装置。采用专用电子天平测量气体的质量，选用光电轴编码器和光电开关组成换向阀开关计时传感器精确测量时间。mt 法原级标准装置复现的质量流量量值溯源至质量和时间基准，通常用于对临界流喷嘴进行量值传递。目前，美国西南研究院（SwRI）、我国国家石油天然气大流量计量成都分站、南京分站都建立了 mt 法原级标准装置，国内高压天然气 mt 法原级标准装置复现的质量流量量值为 $0.1 \sim 8.0 \mathrm{kg/s}$，测定不确定度可达 0.05%（$k=2$）。

第二节 HPPP 法原级标准装置

HPPP 法（即高压活塞体积管法）原级标准装置是通过活塞在标准体积管内匀速运动，将标准体积的天然气从体积管内推出，同时测量活塞运动时间，复现天然气体积流量的标准装置。HPPP 法原级标准装置直接复现天然气体积流量量值，复现的量值溯源至国家长度基准和时间基准，通常用于直接对标准表进行量值传递。目前，德国

pigsar 检定站和我国国家石油天然气大流量计量站武汉分站(以下简称"武汉分站")建立了 HPPP 法原级标准装置,武汉分站建立的 HPPP 法原级标准装置的体积流量测量范围是 $8 \sim 480 \mathrm{m}^3/\mathrm{h}$,测量不确定度 $0.07\%(k=2)$。

第三节 *pVTt* 法原级标准装置

pVTt 法气体流量原级标准装置是通过测量压力、温度、容积、时间等参数,间接复现气体质量流量的一种标准装置。其工作原理是利用一台三通导向阀将测量时间间隔 t 内的被测气体导入一个已知容积 V 的定容罐内,当定容罐内气体处于稳定的平衡状态后,测量其压力 p 和温度 T,计算得到定容罐内气体质量的变化量,进而计算气体的质量流量。*pVTt* 法气体流量原级标准装置复现的流量量值溯源至压力、温度、长度、时间等基准,通常用于对临界流喷嘴进行量值传递。中国计量科学研究院建立的 *pVTt* 法气体流量原级标准装置测量的流量为 $0.019 \sim 1367 \mathrm{kg}/\mathrm{h}$,测量不确定度可达 $0.06\%(k=2)$。

第四节 临界流喷嘴天然气流量标准装置介绍

临界流文丘里喷嘴气体流量标准装置(简称喷嘴标准装置)按气源设置的不同可分为负压法和正压法两种。负压法是喷嘴的入口为大气,以大气作为源头,在喷嘴下游用真空泵造成负压以满足临界流条件;正压法是在喷嘴上游设置气源系统和压力调节系统,使上游压力可调以满足临界流条件,喷嘴下游是大气或密闭管道。本书介绍的临界流文丘里喷嘴标准装置为正压法。

临界流文丘里喷嘴的工作原理是根据气体动力学原理,当气体通过喷嘴时,喷嘴上游与下游的气流压力比达到某一特定数值的条件下,在喷嘴喉部形成临界流状态,气流达到最大速度,为当地音速,流过喷嘴的气体质量流量也达到最大值,此时流量只与喷嘴入口处的滞止压力 P_0 和温度 T_0 有关,而不受其下游状态变化的影响。

在高压天然气流量量值传递溯源体系中,通常把音速喷嘴标准装置作为次级标准使用,用于对工作标准装置中的标准流量计进行校准,国内建立的喷嘴装置工作压力范围 $2.5 \sim 8.5 \mathrm{MPa}$,测量流量 $8 \sim 4000 \mathrm{m}^3/\mathrm{h}$,测量不确定度为 $0.20\% \sim 0.25\%(k=2)$。

第五节　标准表法天然气流量标准装置

标准表法天然气流量标准装置主要由涡轮流量计、超声流量计、温度变送器、压力变送器、在线气相色谱仪和数据采集处理系统等组成。常采用涡轮流量计做标准表，用超声流量计做核查表。为了减小附加管容，通常将标准表法标准装置采用分区域设置，分为小流量检定系统和大流量检定系统。在高压天然气流量量值传递体系中，标准表法天然气流量标准装置通常作为工作级标准装置使用，用于对现场使用的天然气流量计进行检定或校准。

武汉分站建成的标准表法高压天然气流量标准装置工作压力为 2.5 ~ 10MPa，流量范围为 20 ~ 9600m³/h，扩展不确定度为 0.16%（$k = 2$），检定流量计的口径为 DN50 ~ DN500。

第六节　移动式天然气计量标准装置

移动式天然气计量标准装置采用标准表法流量测量原理，将整套标准装置安装在一个厢式卡车上。在检定流量计时，把移动式天然气计量标准装置运输到天然气分输计量站，与天然气计量系统上预留的在线检定接头连接，通过工艺管线切换，实现对计量系统(计量橇)上的各路天然气流量计的在线实流检定。移动式天然气计量标准装置主要用于对天然气计量站内的天然气流量计进行在线实流检定或配合检定台位工艺流程开展离线实流检定。

武汉分站建成的移动式天然气计量标准装置工作压力为 2.5 ~ 10MPa，流量范围为 20 ~ 8000m³/h，扩展不确定度为 0.33%（$k = 2$），被检流量计口径为 DN50 ~ DN300。

第二章　高压天然气计量检定站工艺和设备

高压天然气计量检定站通常依托天然气分输计量站建设，一般采用直排方案，从分输计量站来的天然气经分流、过滤、调压、调流后，流经标准表和被检表，检定完用气根据检定压力等级返回至分输计量站主干线或其他低压管网。

本部分主要对武汉分站的主要工艺单元进行介绍。

第一节　高压天然气计量检定站工艺流程概述

川气东送武汉输气站内拥有高压干线输气管道和去城市燃气的中低压输气管道。当开展检定工作时，需要关断主干线或支线上的阀门，通过武汉分站切换进出站阀门，使天然气进入武汉分站进出站工艺管道。然后天然气再进入过滤分离器。武汉分站共设有 3 台过滤分离器，其中两台大的过滤分离器为工作标准配套使用，总过滤能力为 9600m³/h，过滤精度为 5μm；一台小的过滤分离器为原级标准配套使用，过滤能力为 500m³/h，过滤精度为 2μm。在过滤分离器的下游设置了电加热系统，在原级标准装置工作时，对检定用天然气进行加热，控制天然气温度在 12~25℃ 范围内，1h 内温度波动小于 ±0.5℃。在加热系统下游安装了调压和稳压系统，可确保进入检定厂房内流量标准装置的天然气压力波动在 30min 内小于 0.5%。调压完成后天然气进入天然气流量标准装置和检定台位后进入调流系统，通过调流系统调节检定所需流量，调流系统可控制流量波动在 30min 内小于 5%。调流完成后，高压检定用天然气通过进出站阀组回川气东送主干线，中低压检定用气调压后输送至下游的低压管网。在调流系统出口处设置了一个分析小屋的天然气取样口，分析小屋配备了在线气相色谱仪和在线水露点仪。色谱仪实时分析的气质组分用于检定过程中不同工况条件天然气体积的转换计算；露点仪实时分析天然气的水露点，监视检定用天然气气质是否满足要求。检定站工艺中还配备了一台压缩机，用于对检定台位放空天然气进行回收，通过压缩可排至下游低压管网，减少天然气的浪费，保护环境。武汉分站的工艺流程框图如图 2-1 所示。

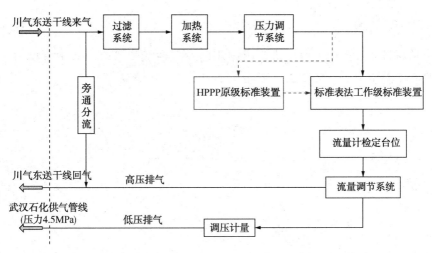

图 2-1　武汉分站工艺流程框图

武汉分站标准装置工作流程有如下四个模式：

模式 1：原级标准装置工作流程为：

用原级标准装置校准工作级标准装置中 G250 传递涡轮流量计工艺流程为：

分输站来气 → 进站调流 → 加热 → 调压 → 稳压 → HPPP 原级标准装置 → G250 传递涡轮流量计 → 调流 → 武汉石化低压管道排气。

模式 2：用 G250 传递涡轮流量计量值传递给小流量工作标准工作流程为：

分输站来气 → 进站调流 → 调压 → 稳压 → 小流量工作标准涡轮流量计 → G250 传递涡轮流量计 → 调流 → 川气东送干线或武汉石化低压管道排气。

模式 3：小流量工作级标准量值传递大流量工作级标准工作流程为：

分输站来气 → 进站调流 → 调压 → 稳压 → 小流量工作标准涡轮流量计 → 大流量工作标准涡轮流量计 → 调流 → 川气东送干线。

模式 4：工作级标准量值传递被检流量计工作流程为：

分输站来气 → 进站调流 → 调压 → 稳压 → 核查标准 → 工作级标准装置 → 被检流量计 → 调流 → 川气东送干线或武汉石化低压管道排气。

第二节　天然气进出站流量调节

一、工作原理

该单元具有流程切换、天然气越站以及调节进站流量的作用。主要通过回气旁通调节检定所需气量，不开展检定工作时天然气通过越站旁通返回主干线。

二、单元组成

进出站流量调节单元主要由进、出站阀门及全通径旁通阀门和带有压力调节阀的旁通管路四条管路组成，如图 2-2 所示。

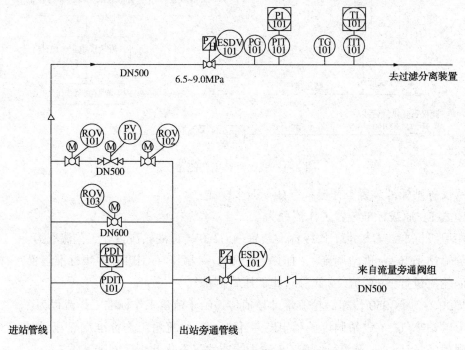

图 2-2　进出站流量调节单元工艺流程

三、技术指标

进出站单元与武汉分站最大流量匹配，满足工况流量为 9600m³/h（在 9.0MPa 下），标况流量为 864000Nm³/h。各参数设定如下：

控制参数：武汉分站进出口压差，连续调节；

电动执行机构全开到全关用时：不超过 90s，

安装管径：DN600/PN100/ANSI Class600；

最大噪声级别：不超过 85dB；

流量：$Q_{Nmax} = 1080000Nm^3/h$（压力 9.0MPa，工况流量 12000m³/h）；

入口压力：$P_{min,in} = 6.5MPa$；$P_{max,in} = 8.9MPa$；

出口压力：$P_{min,out} = 6.2MPa$；$P_{max,out} = 8.6MPa$；

前后压差：$\Delta P_{max} = 1.0MPa$；$\Delta P_{max} = 0.2 \sim 0.3MPa$。

四、操作程序

将天然气从输气站切换至武汉分站的具体操作流程如下：

打开武汉输气站通向武汉分站的进出口手动球阀 ROV001、ROV003 和武汉分站越站旁通上的电动球阀 ROV103，关闭武汉输气站越站旁通上的气液联动截断阀，将川气东送干线天然气引入武汉分站，这时检定用气量由武汉分站调控。当计量站用气要从主干线分流时，打开 ROV101、ROV102 球阀和 PV101 流量调节阀，关闭 ROV103 电动球阀，这时计量站流量的大小由 PV101 流量调节阀控制。

第三节　天然气过滤

一、工作原理

过滤单元的工作原理如下：天然气首先进入进气腔，气体首先撞击在支撑滤芯的支撑管上，较大的固液颗粒被初步分离，并在重力的作用下沉降到容器底部。接着气体从外向里通过过滤聚结滤芯，固体颗粒被过滤介质截留，液体颗粒则因过滤介质聚结功能而在滤芯的内表面逐渐聚结长大，如图 2-3 所示。当液滴到达一定尺寸时会因气流的冲击作用从内表面脱落出来而进入滤芯内部流道而后进入汇流出料腔。在汇流出料腔内，较大的固液颗粒依靠重力沉降分离出来，此外，在汇流出料腔，还设有分离元件，它能有效地捕集液滴，以防止出口液滴被夹带，进一步提高分离效果。最后洁净的气体流出过滤分离器。随着燃气通过量的增加，沉积在滤芯上的颗粒会引起燃气过滤器压差的增加，当压差上升到规定值时（从压差计读出），说明滤芯已被严重堵塞，应该及时更换。过滤分离器起始压差不高于 14kPa，更换滤芯压差不高于 100kPa；如果未设置有压差计，可以通过前后压力表观察压力差变化；另外，也可以通过相同支路分离过滤后匀速管流量计的瞬时值进行对比，从而判断堵塞情况。

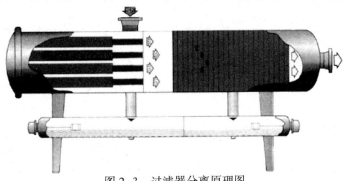

图 2-3　过滤器分离原理图

二、单元组成

过滤单元主要由不同过滤精度的过滤器组成，过滤器主要用于日常的工作标准检定被检流量计和原级标准系统。以武汉分站为例，其过滤单元包括三台过滤分离器，其中两台过滤器的过滤精度为 $5\mu m$，用于日常的工作标准检定被检流量计，每台工况气量为 $4800m^3/h$。另外一台过滤精度为 $2\mu m$ 的用于原级标准系统，工况气量为 500 m^3/h。

过滤分离器主要由滤芯、壳体、快开盲板以及内外部件组成，采用卧式、快开盲板结构，其结构如图 2-4 所示。

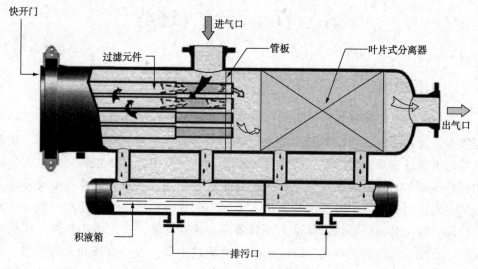

图 2-4 过滤分离器结构图

武汉分站选用 3 台过滤分离器，其型号是 GF45-10.0/400-PCHG336，其主要技术指标见表 2-1。

表 2-1 过滤器主要技术指标

	过滤分离器	
	过滤器 1	过滤器 2
数量/台	2	1
工作压力（表压）/MPa	6.5~9.0	
设计压力（表压）/MPa	10	
设计温度/℃	−15~70	
过滤精度/μm	5	2
工况气量/(m³/h)	4800	480

三、操作程序

1. 使用前的检查

（1）确认进口阀、出口阀在关闭状态，放空阀在打开状态，筒体压力为零，确保设备和人身安全。

（2）确认分离器上的压力表及差压表（过滤分离器）液位计等测量仪表的值是否正确，否则进行校准或更换。

（3）检查过滤分离器底部的阀套式排污阀、球阀及其手动机构是否完好（如有必要可拆开检查），否则进行处理。

2. 过滤分离器的启用

（1）检查过滤分离器快开盲板、压力表等安全设施，确保处于完好状态。

（2）关闭放空阀，打开压力表等测量仪表的仪表阀。

（3）打开过滤分离器的上游阀门对过滤分离器进行充压，阀门两端有平衡阀的应首先使用平衡阀缓慢向过滤分离器内充压，使过滤分离器升压至稳定状态后再全开进口阀，然后打开出口球阀。

（4）过滤分离器内压力稳定后，运行差压变送器，观察差压值是否正常并做记录。

3. 分离器运行中的检查

（1）检查分离器的压力、流量，查看是否在分离器所要求的允许范围内（差压值大于14kPa时），否则上报调控中心或值班领导并做记录。

（2）检查过滤式分离器的差压变送器，注意及时记录过滤式分离器压力、差压值。

（3）如果过滤式分离器前后差压达到报警极限（0.1MPa），应立即切换备用分离器，停运事故分离器，按照排污操作规程先将设备进行排污或放空降压，然后打开排污阀排污，注意倾听管内流动声音，一旦有气流声，马上关闭排污阀。继续放空或排污，压力降为零后，打开快开盲板清理或更换滤芯。如果差压仍未恢复到正常范围，那么应及时报告调控中心及有关领导组织维修。

4. 分离器的排污操作

（1）分离器排污前的准备工作。

① 排污前先向调控中心汇报，得到批准后方可实施排污作业。

② 检查各阀门状态，观察排污管地面管段的牢固情况。

③ 准备安全警示牌、可燃气体检测仪、隔离警示带等。

④ 检查分离器区及排污罐放空区域的周边情况，杜绝一切火种火源。

⑤ 在排污罐放空区周围50m内设置隔离警示带和安全警示牌，禁止一切闲杂人员入内。

⑥ 检查、核实过滤分离器积液包和排污罐液位高度。

⑦ 准备相关的工具。

（2）分离器离线排污操作。

① 切换分离支路流程，将备用分离支路上下游球阀导通。

② 关闭排污分离器的上下游球阀。

③ 缓慢开启排污分离器的放空阀，使分离器内压力降到约 0.2MPa。

④ 先打开球阀或闸阀再缓慢打开阀套式排污阀。

⑤ 操作阀套式排污阀时，要用耳仔细听阀内流体声音，判断排放的是液体或是气，一旦听到气流声，立即关闭阀套式排污阀再关闭球阀。

⑥ 同时安排人观察排污罐放空立管喷出气体的颜色，以判断是否有粉尘。

⑦ 待排污罐液面稳定后，记录排污罐液面高度；出现大量粉尘时，必要时取少量粉尘试样，留作分析。

⑧ 恢复分离器工艺流程。

⑨ 重复以上步骤，对其他各路分离器进行离线排污。

⑩ 排污完成后再次检查各阀门状态是否正确。

⑪ 整理工具和收拾现场。

⑫ 向调控中心汇报排污操作的具体时间和排污结果。

⑬ 做好相关记录。

（3）分离器在线排污操作。

① 缓慢开启靠近分离器的排污球阀，然后缓慢开启阀套式排污阀。

② 操作阀套式排污阀带压排污时，要用耳朵仔细听阀内流体声音，判明排放的是液体或是气体，一旦听到气流声，立即关闭排污阀。

③ 同时安排人观察排污罐放空立管喷出气体的颜色，以判断是否有粉尘。

④ 待排污罐液面稳定后，记录排污罐液面高度。出现大量粉尘时，或停止排污，进行分离器清理作业，清除分离器内粉尘等杂物；取少量粉尘试样，留作分析。

⑤ 排污完成后再次检查各阀门状态是否正确。

⑥ 整理工具和收拾现场。

⑦ 向调控中心汇报排污操作的具体时间和排污结果。

⑧ 做好相关记录。

（4）注意事项。

①开启阀套式排污阀应缓慢平稳，阀的开度要适中。

②一旦听到气流声音，应快速关闭分离器阀套式排污阀，防止排污罐压力超过设计压力。

③设备区、排污罐附近严禁一切火种。

④做好排污记录，以便分析长输管道内天然气气质和确定排污周期。

（5）排污周期的确定。

①观察场站过滤分离器液位计，根据液位计的显示值来确定排污周期。

②根据日常排污记录，先确定一个时间较短的排污周期；观察该周期内的排污量，调整排污周期（延长或缩短排污周期），最终确定一个合理的排污周期。

③在确保天然气气质的条件下，为减少阀的损坏，可适当延长排污周期。

四、检维修要点和常见故障处理

1. 常见故障及处理

（1）法兰或快开盲板泄漏。运行或升压过程中，使用皂液法检查，发现泄漏时必须立即切换流程，停运事故分离器，然后进行放空排污操作，确认压力降为零后方可进行维修操作。

（2）分离器前后压差增大或流量减小。运行过程中，由于天然气杂质增多或固体颗粒较多，引起分离器前后压差增大，当超过 0.1MPa 时，表明过滤器内部出现堵塞，应及时停运清理或更换滤芯。若 2 台以上分离器同时运行，当某台过滤分离器后的流量计的流量值比其他几路小 30%（此设定值可在运行时调整）时，表明这路过滤分离器可能堵塞，需进行检修或更换滤芯。

2. 维护保养

（1）准备工作。

① 清理维护前向调控中心申请，批准后方可实施清理维护操作。

② 准备安全警示牌、可燃气体检测仪、隔离警示带等。

③ 检查分离器和排污罐区周围情况，杜绝一切火种火源。

④ 检查、核实排污罐液面高度。

⑤ 准备相关工具。

（2）检修维护操作。

① 切换过滤分离器流程后，关闭需维护检修过滤分离器进出口球阀及差压表。

② 打开分离器放空阀将压力下降到 0.2MPa 左右，按排污操作规程将分离器内的污物排净，然后放空过滤分离器内的余压直至压力表读数为零。

③ 拧松过滤分离器快开盲板螺母查看是否漏气，如果不漏气则打开快开盲板，小心取下周边密封圈。

④ 抓住滤芯扭转，从管板上拔除滤芯，清除滤芯上的脏物，用干净的布或毛刷清除壳体内表面污物，检查滤壳中的各部件，特别是壳体 O 形密封圈和滤芯 O 形密封圈，检查或更换密封圈。看是否有损坏或过度磨损、腐蚀的现象，更换已破坏或磨损的部件。

⑤ 装好滤芯及其他组件，特别要注意检查过滤器滤芯的密封圈是否与滤芯密封面

紧贴，保证滤芯的内端密封可靠，保证天然气过滤分离效果。

⑥ 仔细检查过滤器的内部组件，确保组件齐全、安装正确。

⑦ 关闭快开盲板，上好螺栓和拧紧螺母，关闭排污阀。

⑧ 打开过滤器上游阀门对过滤器进行置换，将空气置换干净，对快开盲板等连接处进行验漏检查，如果漏气，则进行紧固。

⑨ 关闭过滤式分离器上游阀门及排污阀，作为备用，或恢复分离器生产工艺流程。

⑩ 整理工具，收拾现场，做好维护记录。

向调控中心汇报清洗维护操作的具体时间和清洗维护情况。

五、注意事项

（1）打开快开盲板进行泥沙和硫化铁粉清理时，操作人员要采用必要的防护措施，现场要有人员监护作业。

（2）做好清理维护的记录，以便确定清理维护的周期。

（3）过滤式分离器正常投产后，一般每年检查一次并更换滤芯。

（4）如果为投产初期，根据具体情况打开过滤式分离器清扫污物或更换滤芯。现场应准备充足的备品备件，以便随时更换。

第四节　天然气加热

一、工作原理

电加热装置根据设定的温度，结合天然气进入加热器前的温度和流量参数，配套的控制器可以精确计算所需加热的功率，通过晶闸管整流实现智能控制。启动加热器时，为了避免对电网造成严重的冲击，需采取分组启动，同时每组启动时由晶闸管控制进行柔性启动，使加热器对电网冲击减至最小。

为确保安全和加热，需为每级加热器配备加热器壳体温度监测传感器、出口介质温度监测传感器和加热原件过热保护传感器，传感器类型为Pt100。壳体监控传感器和过热保护测得温度一旦超过设定温度，温控仪表动作，超温报警信号发出，同时控制、切断电源，以确保整套设备的安全可靠。每级出口介质温度传感器主要用于介质温度监测，用于控制介质温度并提供反馈。温度信号被介质温度传感器传入控制器，与系统内设定温度进行比对，然后根据比对结果实现晶闸管自动调节每级加热器的功率，使得最终出口温度稳定为设定值，实现自动控制。

电加热器由一块温控表实现主控功能，主控表温度采集电加热器出口温度信号，经 PID 计算输出 4 ~20mA 信号到可控硅，控制加热器的输出功率，可以实现输出功率的 0 ~100% 的平滑调节；主控表设有低温报警功能，当介质温度低于低温报警设定值后，控制柜会有低温报警指示；电加热器内部有超温报警关断功能。报警后只有当温度下降，并经人工复位，切除报警状态后，电加热器才能重新启动；电加热器状态及报警信息通过 485 信号接入站控系统，操作人员在站控系统中就可以简单方便地获知电加热器各种状态。

电加热器外形及加热元件如图 2-5 和图 2-6 所示。

电加热器的特点：

（1）本电加热器采用 QPAC 模块，几乎没有谐波产生。

（2）电加热器对武汉当地的自然条件具有适应性，加热器为防爆防潮型加热器。

（3）温度控制器采用"PID+模糊逻辑"的控制方式。

（4）QPAC 模块采用非固定周期调节，温度控制精度高于 0.5%。

图 2-5　电加热器外部

图 2-6　电加热器管束

二、单元组成

防爆电加热器主要由均匀布置的 U 形管状电加热元件、恒温控制柜、温度传感器以及电加热筒体灯构成，其结构如图 2-7 所示。进入容器内的天然气在加热区内被电热元件进行分级加热，隔热段位于加热区与接线盒之间，主要作用是在加热区和接线盒之间隔热，以防止电热元件接线柱长期在高温条件下性能发生改变。电热元件的电源接线及分组全部在接线盒内完成，加热器的加热管材料为 SS321，电热丝为镍铬合金，绝缘材料为高温绝缘氧化镁粉，电加热元件如图 2-8 所示。

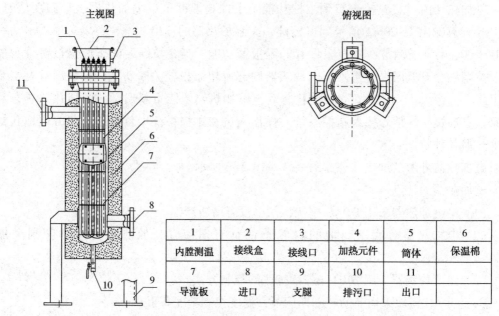

1	2	3	4	5	6
内腔测温	接线盒	接线口	加热元件	筒体	保温棉
7	8	9	10	11	
导流板	进口	支腿	排污口	出口	

图 2-7　防爆电加热器结构图

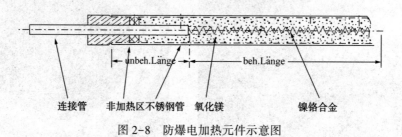

图 2-8　防爆电加热元件示意图

三、技术指标

武汉分站选用 1 台管式电加热器，其型号是 F6283802207202，其主要技术指标见表 2-2。

表 2-2　电加热器技术指标

项目	指标	项目	指标
设计压力/MPa	10	进口工作温度/℃	8
操作压力/MPa	5~9.0	出口工作温度/℃	43
估计压降/MPa	0.01	电热管温控精度/℃	优于±0.5
额定功率/kW	520	功率密度/(W/cm²)	3.41
加热介质	天然气	加热器浸入深度/mm	3607
工作电压/V	380	电热管数量	72

四、操作程序

（1）在配电室内检查电加热器控制柜主开关、电压转换开关、温度控制仪表、超温报警仪表是否正常。

（2）使用时，检查电加热器内是否有介质流动，防止烧坏电加热器。

（3）检查电加热器防爆接线箱是否可靠接地。

（4）检查电加热器控制柜内各仪表参数是否按工艺参数设置完成。

（5）控制柜操作步骤如下：

① 在配电室打开电加热器控制柜电源总开关，并合上电加热器断路器 QF，使系统的电处于可运行状态。

② 控制回路得电，温控仪开始显示温度，主控表设定电加热器的控制温度。报警表设定电加热器内部超温报警温度。然后观察控制仪表、超温报警器，观察正常后按工艺参数调节所需的温度。

③ 控制柜面板操作：按一下电加热器的启动按钮，电加热器启动。若要停止加热器，按一下停止按钮，则电加热器停止工作。

④ 当电加热器发生超温报警自动关断后，需等到电加热器内部温度下降后（不得低于 3min），按一下复位键，才能再次启动电加热器。

⑤ 电加热器使用完毕后，断开所有断路器 QF。

（6）温度控制器操作步骤：

① 显示切换。

② 修改数据。

③ 设置参数。

五、检维修要点和常见故障处理

1. 常见故障及处理

电加热器常见故障及处理方法见表 2-3。

表 2-3 电加热器常见故障及处理方法

故障现象	可能原因	处理方法
电加热器的进出口法兰处发现渗漏	密封垫圈损坏	更换密封垫圈
电器指示灯 HLO 不亮	系统未送电，断路器 QF 未合闸	电源送电，QF 合闸
	指示灯 HLO 损坏	更换指示灯 HLO
系统无法启动，报警黄色指示灯亮	超温报警动作	检查超温原因并排除

续表

故障现象	可能原因	处理方法
系统工作时，加热器内部和出口温差不正常，内部报警频繁启动	流量不正常，系统有堵塞	疏通管路
	出口或内部测温元件损坏，无法正确采集温度信号	更换测温元件
电流变读数缺相或明显不平衡	个别电流表指针动作不灵活	修复或更换此电流表
	断路器 QF 发生闭合时缺相	更换此断路器
	接触器可能损坏	更换接触器

2. 维护保养

对电加热器的仪表每年应进行两次维护，如果仪表误差超出范围，通常都是由于潮湿、灰尘或腐蚀气体所导致，可对仪表内部进行清洁及干燥处理。

六、注意事项

（1）在接线时，将电加热器及防爆接线箱可靠接地。

（2）使用时，如果电加热器内无介质流动，电加热器严禁投入运行，防止烧坏电加热器。

（3）在电加热器第一次投入运行时，应有专业技术人员在场。

（4）电加热器长期停用时，断开所有断路器。

（5）温控表的各项参数如需更改必须经生产部同意后由专业技术人员操作，未经调度允许不得擅自改动工艺参数。

（6）电加热器停止工作后，必须进行 3~5min 降温，以免余温过高。

第五节　天然气压力调节

一、工作原理

压力调节单元根据检定需求分为大压差压力调节单元和稳压单元。

1. 大压差压力调节单元

当检定需要降低压力时，使用大压差压力调节控制。大压差压力调节阀组分两路，如图 2-9 所示。根据需求的最大流量选择相应的调节管路，调节后压力范围为 5.0MPa，每一路上的调节阀与出管汇上的压力变送器 PIT-201 构成调节回路。此外，大压差压力调节单元还包含一条旁通管路，当检定压力为来气压力时，经过大压差压力调节阀组的旁通管路直接进入稳压装置。

图 2-9　大压差压力调节阀组

2. 稳压单元

经大压差压力调节或旁路后的天然气进入稳压阀组，稳压阀组设置了三路稳压阀，每路上的稳压阀与出口管汇上的压力变送器 PIT-202 构成稳压回路，压力稳定精度为 0.5%。此外还设置了一条尺寸为 DN500 的旁通管路。

二、单元组成

调压单元包括大压差压力调节控制及稳压装置控制两部分。大压差压力调节控制由 DN50、DN150 两个调节管路构成；稳压装置控制由 DN50、DN150、DN500 三个调节管路组成。工艺流程简图如图 2-10 所示。

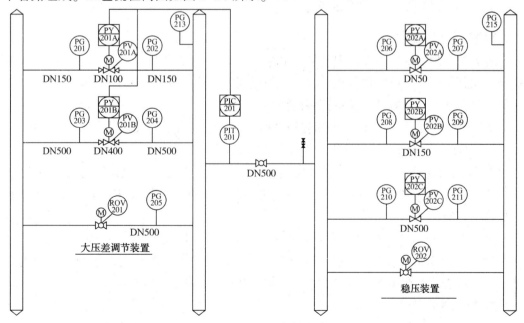

图 2-10　调压单元工艺流程简图

三、技术指标

武汉分站选用 DN50、DN100、DN150、DN400 和 DN500 流量调节阀各 1 台，其型号是 RZD-REQX，其主要技术指标见表 2-4。

表 2-4　流量调节阀技术指标

项目	大压差调节阀组		
阀门尺寸	DN100		DN400
流量调节范围/(m^3/h)	8~280		250~9600
稳压阀组			
阀门尺寸	DN50	DN150	DN500
流量调节范围/(m^3/h)	8~280	250~1800	1700~9600

四、操作程序

通过阀组 PV201A/B 来实现大压差小流量和小压差大流量等诸多压力调节，通过另一组稳压阀组 PV202A/B/C，消除压力波动对检定的影响。

关闭 ROV201 和 ROV202，根据所需流量大小选择 PV201A/B、PV202A/B/C。利用 PID 控制系统的控制信号控制 PV201A/B、PV202A/B/C 阀门的开启和关闭，阀门开启速度依据阀门 CV 值的限定。

五、检维修要点和常见故障处理

1. 检维修要点

压力控制阀的维护需要每月进行一次在线检查；每 5 年进行一次全面检查。在维护前，尤其从阀门上拆除执行机构时，必须对阀门进行放空。

（1）在线检查。每月对流量控制阀做如下检查：

① 外观检查：检查是否有腐蚀或松动的部件，检查阀体涂层或保护层是否损坏。

② 检查固定阀门或执行机构的螺栓是否有松动。

③ 阀门与管道法兰的连接处如果有泄漏，应当更换法兰垫圈或袖管的密封环。

④ 如果有气体或润滑油从超压泄放阀中泄漏，说明阀杆的密封圈有损坏，需要及时更换密封圈。

⑤ 检查执行机构的电源连接是否完好，联轴器是否连接紧固。

（2）全面检查。每 5 年进行一次全面检查，也可根据实际情况缩短全面检查的周期。全面检查需要在 Mokveld 工程师的指导下由专业人员来完成。

2. 常见故障处理

（1）阀门不能开启和关闭。若为执行机构部分出现故障，则首先检查执行机构动力系统,如发现故障,则进行恢复;其次检查执行机构的电源系统是否有故障(参看执行机构操作手册)。

若为执行机构故障,则按照相关手册对执行机构进行测试。

(2)阀门不能完全开启或关闭。检查执行机构是否安装正确;检查执行机构动力系统,有故障的话进行恢复;检查执行机构的电源系统是否有故障;按照相关手册对执行机构进行测试。

(3)阀门不能开启或关闭,但执行机构没有故障。将阀门从管线上拆下来,检查活塞是否卡住了;检查阀门内部是否损坏,如发现损坏,联系 Mokveld 阀门公司。

(4)阀门全关时有轻微泄漏。连续将阀门开关几次;检查阀门是否还有泄漏;如果阀门还有泄漏,联系 Mokveld 公司更换密封圈。

(5)阀门全关时,泄漏严重。检查执行机构是否正常;将阀门从管线上拆下来,检查活塞是否被卡住;将阀门从管线上拆下来,检查阀门内部是否损坏,如果发现损坏,联系 Mokveld 阀门公司。

六、注意事项

在对流量控制阀进行操作维护作业时,应注意以下事项:

(1)维护前,解除管线压力并使阀门处于打开位置。

(2)严格按照阀门操作规程操作,身体不要正对阀门操作。

(3)随身携带便携式气体检测仪,检测可燃气体浓度,定期用验漏液对阀门自身、管道与阀门间的法兰结合面进行密封性能检查,出现问题及时维护或更换阀门部件。

(4)发现内漏及时维护维修或更换阀门。

(5)手动操作阀门时力度适中,不能用力过猛。

(6)依据阀门大小及活动频率选择适量的注脂量。

第六节　天然气流量调节

一、工作原理

流量调节单元包括流量调节阀组和流量旁通阀组。调节流量范围是根据检定流量计的最大流量或下游需求的流量来确定,每一检定点的流量大小用流量核查标准或流量工作标准来测量和显示,选择流量调节阀组其中一台调节阀作为检定流量调节,此时采用流量定值调节;而多余的流量从二级稳压出口直接分流到流量旁通阀组,选择流量旁通阀组中一台调节阀作为旁通流量调节。流量旁通流量调节既要将多余的流量分流，又要保证流量核查标准上游的压力稳定；不同的流量检定点的检定流量是变化的，根据流量检定需要和来气量的大小，在每一检定点要重新确定检定流量调节阀和旁通流量调节阀，并按检定流量和旁通流量进行调节。

流量调节阀采用 Mokveld 流量控制阀，该阀门是轴流式活塞型控制阀，专门用于减慢或停止流动的流体。Mokveld 控制阀由阀外体、阀内体、阀杆、活塞杆、活塞和笼套组成。阀体包括阀外体和阀内体，是一完整的铸造体，阀的内外体之间有一轴向对称流道。笼套是阀的关键部件，壁面上有许多按一定规律分布的孔洞。活塞杆与阀杆构成一个 90°的角式传动机构，活塞借助此传动机构在导轨内沿阀门的中心线运动，活塞杆与阀杆上 45°的齿条相互啮合，阀杆上下传动，带动活塞杆及活塞在全行程上左右运动。活塞的端面上均匀分布有孔洞，以使活塞内外压力平衡，左右运动时不受轴向压力的影响。Mokveld 流量控制阀结构如图 2-11 所示。

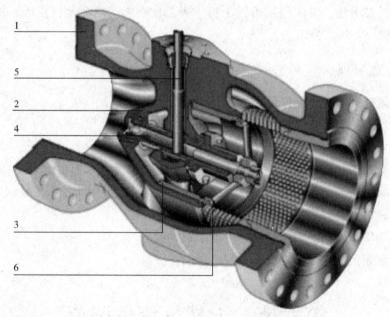

图 2-11　Mokveld 流量控制阀结构

1—阀外体；2—阀内体；3—活塞；4—活塞杆；5—阀杆；6—笼套

二、单元组成

流量调节单元包括 3 路流量调节阀组和两路流量旁通阀组，流量调节阀组和旁通阀组组合使用。3 路流量调节阀组尺寸分别为 DN50、DN150、DN500，两路流量旁通阀组尺寸分别为 DN150、DN500，其工艺流程如图 2-12（a）和图 2-12（b）所示。

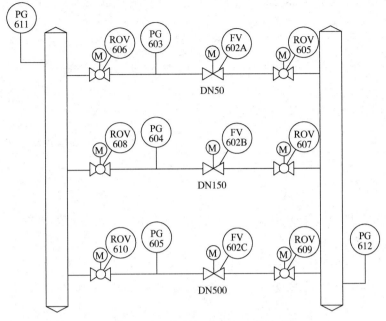

图 2-12(a) 流量调节阀组工艺流程

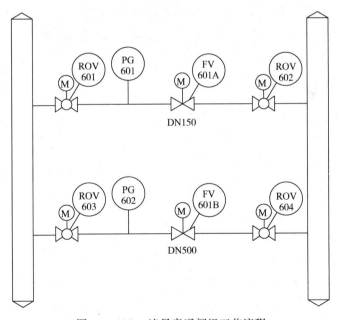

图 2-12(b) 流量旁通阀组工艺流程

三、技术指标

武汉分站的流量调节阀组选用 Mokveld 的 DN50、DN150 和 DN500 流量调节阀各 1

台，流量旁通阀组选用 Mokveld 的 DN150 和 DN500 流量调节阀各 1 台，其型号是 RZD-REQX，其主要技术指标见表 2-5。

表 2-5　流量调节阀主要技术指标

项目	调流单元				
	流量调节阀组			流量旁通阀组	
阀门尺寸	DN50	DN150	DN500	DN150	DN500
流量调节范围/(m³/h)	8~280	250~1800	1700~9600	250~1800	1700~9600

四、操作程序

流量调节阀组和流量旁通阀组并联工作。有时会关闭流量调节阀组，让介质从流量旁通阀组流过，即：关闭 FV602A/B/C，打开 FV601A/B。保持总流量不变有利于使流量和温度环境保持稳定。开始检定流量计，采用手动模式时，根据调节的流量范围大小，检定员选择表 2-5 所对应的流量调节阀和流量旁通阀组，开启 FV602A/B/C 进行调节，关闭 FV601A/B，并将其状态(开到位、关到位、故障报警、阀位反馈和阀位控制)在站控系统进行显示，检定流量调节阀组的反馈流量值为工作标准装置流量。采用自动模式时，系统能够根据调节流量范围自动选择相应的旁通流量调节和检定流量调节。调节阀组由检定控制系统根据通过检定台的核查流量计来对流量进行自动 PID 调节，并进行流量调节(开到位、关到位、故障报警、阀位反馈和阀位控制)显示。

五、检维修要点和常见故障处理

1. 检维修要点

Mokveld 流量控制阀的维护需要每月进行一次在线检查，每 5 年进行一次全面检查。在维护前，尤其从阀门上拆除执行机构时，必须对阀门进行放空。

（1）在线检查。每月对流量控制阀做如下检查：

① 外观检查：检查是否有腐蚀或松动的部件，检查阀体涂层或保护层是否损坏。

② 检查固定阀门或执行机构的螺栓是否有松动。

③ 阀门与管道法兰的连接处如果有泄漏，应当更换法兰垫圈或袖管的密封环。

④ 如果有气体或润滑油从超压泄放阀中泄漏，说明阀杆的密封圈有损坏，需要及时更换密封圈。

⑤ 检查执行机构的电源连接是否完好，联轴器是否连接紧固。

（2）全面检查。每 5 年进行一次全面检查，也可根据实际情况缩短全面检查的周期。全面检查需要在 Mokveld 工程师的指导下由专业人员来完成。

2. 常见故障处理

（1）阀门不能开启和关闭。若为执行机构部分出现故障，则首先检查执行机构动力系统，有故障的话进行恢复；其次检查执行机构的电源系统是否有故障（参看执行机构操作手册）。

若为执行机构故障，则按照相关手册对执行机构进行测试。

（2）阀门不能完全开启或关闭。检查执行机构是否安装正确；检查执行机构动力系统，有故障的话进行恢复；检查执行机构的电源系统是否有故障；按照相关手册对执行机构进行测试。

（3）阀门不能开启或关闭但执行机构没有故障。将阀门从管线上拆下来，检查活塞是否卡住了；检查阀门内部是否损坏，如发现损坏，联系 Mokveld 阀门公司。

（4）阀门全关时有轻微泄漏。连续将阀门开关几次，检查阀门是否还有泄漏；如果阀门还有泄漏，联系 Mokveld 公司更换密封圈。

（5）阀门全关时，泄漏严重。检查执行机构是否正常；将阀门从管线上拆下来，检查活塞是否被卡住；将阀门从管线上拆下来，检查阀门内部是否损坏，如果发现损坏，联系 Mokveld 阀门公司。

六、注意事项

在对流量控制阀进行操作维护作业时，应注意以下事项：

（1）维护前，解除管线压力并使阀门处于打开位置。

（2）严格按照阀门操作规程操作，身体不要正对阀门操作。

（3）随身携带便携式气体检测仪，检测可燃气体浓度，定期用验漏液对阀门自身、管道与阀门间的法兰结合面进行密封性能检查，出现问题及时维护或更换阀门部件。

（4）发现内漏及时维护维修或更换阀门。

（5）手动操作阀门时力度适中，不能用力过猛。

（6）依据阀门大小及活动频率选择适量的注脂量。

第七节　余气回收

余气回收单元用于减少余气的排放，主要包括隔膜压缩机 1 台。天然气流量计检定完成后，利用压缩机将管线中的余气压力从 0.3MPa（表压）打压至 4.5MPa（表压），排至武汉石化管网，压缩机入口压力低于 0.1MPa 时停止运行。

压缩机的技术参数见表 2-6。

表 2-6　天然气压缩机主要技术参数

序号	压缩机技术性能	工艺参数	备注
1	进气压力（表压）/MPa	0.3~4.0	
2	进气温度/℃	≤35	（设计点 30℃）
3	压缩机排气压力（表压）/MPa	4.5	
4	规模/（Nm³/d）	400	间断运行
5	压缩机数量/台	1	

第三章　高压天然气计量标准装置

第一节　HPPP 法原级标准装置

一、工艺流程

武汉分站 HPPP 法原级标准装置采用体积-时间法工作原理。通过准确测量标准体积管长度和直径计算得到体积管测量段标准体积 ΔV。测量过程中，活塞匀速通过体积管测量段，将测量段气体匀速推出，通过记录活塞通过测量段的时间 Δt，用式(3-1)计算得到天然气体积流量。

$$q_V = \frac{\Delta V}{\Delta t} \tag{3-1}$$

式中　q_V——HPPP 测量的体积流量，m^3/s；

　　　ΔV——体积管标准段的容积，m^3；

　　　Δt——活塞通过体积管标准段的时间，s。

HPPP 法原级标准装置具体工作流程分为 3 个阶段，其工作原理示意图如图 3-1 所示。

1. 准备阶段

工艺流程导通，天然气依次流过四通阀组、体积管、传递标准涡轮流量计和限流喷嘴组装置。系统进行稳压、稳流和温度平衡。此时活塞在体积管起始位置不运动，检测开关 a_1 触发，如图 3-1(a)所示。

2. 测量阶段

系统稳定后，通过四通阀组切换，天然气推动活塞从体积管一端开始加速运动。通过检测开关 a_2 时，加速运动完成，进入匀速运动，触发计时器开始计时；通过检测开关 a_3 时，到达测量段中间位置；通过检测开关 a_4 时停止计时，测量结束；通过检测开关 a_5 时，活塞到达体积管另一端，停止运动。用测量管段容积除以活塞通过测量管段的时间即可计算 HPPP 法原级标准装置复现的天然气体积流量。测量段中间位置检测开关 a_3 用于判断活塞在测量段中是否处于匀速运动，如图 3-1(b)所示。

3. 复位阶段

通过四通阀组再次切换，改变体积管内天然气流向，将活塞推回至起始位置，如图 3-1(c) 所示。

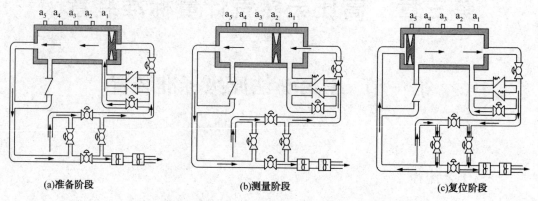

(a)准备阶段　　　　　　　(b)测量阶段　　　　　　　(c)复位阶段

图 3-1　HPPP 法原级标准装置工作原理示意图

二、设备组成

HPPP 法原级标准装置成撬供货，主要由高压体积管、四通阀组、传递标准涡轮流量计、限流喷嘴组、几何测量系统等设备构成，其工艺原理如图 3-2 所示。

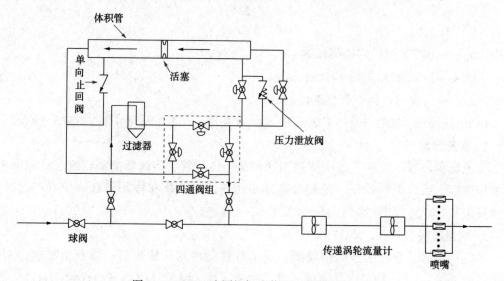

图 3-2　HPPP 法原级标准装置工艺原理示意图

1. 高压体积管

高压体积管气缸主体由一根长度为 6m 的不锈钢圆柱体加工而成，活塞为铝制，其他管件和组件(如弯头、阀门等)材质为碳钢，其技术指标见表 3-1。

表 3-1　高压体积管技术指标

项目	指标	项目	指标
气缸长度/m	6m	用于检定的置换体积/m³	0.148
测定部分长度/m	3m	允许最大压力/bar	100
气缸材质	不锈钢	活塞前后差压/bar	0.07～0.11
活塞材质	铝	流量范围/(m³/h)	20～480
活塞支持和密封圈材料	聚四氟乙烯	几何法检定体积不确定性($k=2$)/%	≤0.02
气缸直径/m	0.250	体积流量不确定度/%	≤0.1

2. 四通阀组

四通阀组由 4 台口径为 DN100 的气动球阀(型号：FAF42)组成，同时配套自动验漏系统，可在阀门关闭状态时对阀门状态进行确认，确保阀门零内漏。驱动方式为气动/手动，公称压力为 ANSI Class600，生产厂家是 Böhmer/AMG。四通阀组用于组合开关动作，切换工艺流程，控制活塞的运动方向。

3. 传递涡轮流量计

流量量值由 HPPP 标准装置传递至传递涡轮流量计后，采用标准表法流量测量原理，将量值传递至工作标准表。

本装置选用了两组传递涡轮流量计，一组为两个 G250 涡轮流量计，另一组为两个 G100 涡轮流量计。每组中的流量计均为两家供货商：RMG 和 Elster。两组涡轮流量计交替使用，技术指标见表 3-2。

表 3-2　传递涡轮流量计技术指标

规格	尺寸	流量范围/(m³/h)	量程比	数量/台	重复性/%	稳定性/(%/a)
G250	DN100	20～400	1:20	2	优于 0.02	0.05
G100	DN80	8～160		2	优于 0.02	0.05

4. 限流喷嘴组

HPPP 对流速的稳定性要求很高，因此通过在 HPPP 标准装置下游安装喷嘴来确保流量稳定性，并可用于开展小流量量值传递。本装置配置了两组限流喷嘴，其技术指标见表 3-3。

表 3-3　限流喷嘴组技术指标

喷嘴组合	流量/(m³/h)	数量
第一组	400	1
	250	1
	160	1
	100	1

喷嘴组合	流量/（m³/h）	数量
第二组	65	1
	40	1
	25	1
	16	1

5. 几何量测量系统

针对 HPPP 标准装置设计制造了专用的几何量测量系统，包括长度测量系统和直径测量系统。

长度测量系统用于测量所述高压活塞体积管内的位置开关之间的距离。该系统包括两个基本组件。一个是在 PTB（Physikalisch-Technische Bundesanstalt：德国计量机构）校准的线性制动器，另一个是线性台。为了测量长度，将活塞放置在管段内，并通过适配杆连接到线性台上滑动。首先，线性轴必须被固定在管段上并对准到高压管的凸缘。线性轴应平行于管段。在垂直和水平方向上都要保持准确。线性制动器被安装在管道的另一端，再将绳子与活塞连接，然后，所有相关的位置开关传感器的连接点都可以通过移动活塞的位置进行测量。

长度测量系统由测量长度为 6m 的伺服传送台，传送台电动机控制系统（含力测量系统）、与活塞连接的传送轴及配套的软件系统组成，其主要技术指标如下：

（1）测量范围：7.5m；

（2）不确定度：50μm；

（3）重复性：20μm；

（4）工作环境要求：室温 20℃，湿度 10%~90%。

直径测量系统使用两个相对的传感器测量高压活塞体积管的直径。测量传感器被安装在管段内，通过绕着管段的轴线旋转，可以测量到旋转圆周上的任何一个点。因为该测量的升降范围只有 900mm，所以必须多次改变装置位置，以测量管道的所有或选定区域。用一个 DAkks（Deutsche Akkreditierungsstelle：德国的认可机构）标准来校准测量传感器，DAkks 标准被安装在测量头上，每一个测量行程开始之前，它都会对传感器进行校准，测量点数量的不同将影响测量时间的长短。

直径测量系统包括：测量系统、传送器和配套软件系统，主要技术指标如下：

（1）测量范围：250mm；

（2）不确定度：10μm；

（3）重复性：1μm；

（4）工作环境要求：室温 20℃，湿度 10%~90%。

三、技术指标

HPPP 原级标准装置主要技术指标为：

（1）测量介质：天然气；

（2）工作压力：2.5~10.0MPa；

（3）测量范围：20~480m³/h；

（4）测量结果的不确定度：$U = 0.07\%$（$k=2$）；

（5）测量重复性优于：0.03%。

四、操作程序

1. 原级检定工艺流程导通

（1）确认进出站区阀门 ROV101、ROV102、ESDV101 处于开启状态，PV101 处于全开状态，关闭阀门 ROV103，将 ROV103、PV101 执行机构打到"Remote"状态。

（2）确认过滤分离器阀门 BV107、ROV112 处于开启状态，确认 ROV104、ROV105、BV115、BV123 处于关闭状态。

（3）开启进站总计量区阀门 ROV107、ROV108，确认阀门 ROV106 处于开启状态。

（4）确认加热区阀门 ROV110、ROV111 处于开启状态，确认 ROV109 处于关闭状态。

（5）确认 PSDV203A、PSDV203B 处于全开状态。

（6）确认大差压调节区阀门 PV201B、BV203 处于开启状态，确认 PV201A、ROV201 处于全关状态。

（7）确认稳压区阀门 PV202C 处于开启状态，确认 PV202A、PV202B、ROV202 处于全关状态。

（8）确认阀门 ROV325 处于开启状态，确认 ROV203、ROV323、ROV324 处于全关状态。

（9）确认工作级小流量标准装置 ROV317、ROV318、ROV319、ROV320、ROV321、ROV322 均处于开启状态，确认去原级标准装置方向阀门 BV424 处于开启状态。

（10）确认原级标准装置阀门处于准备阶段，BV506 处于开启状态。

（11）确认原级标准装置旁通阀组 BV507、PV501、BV508 处于全开状态。

（12）确认流量调节区阀门 ROV605、ROV606、ROV607、ROV608、ROV614 处于关闭状态，FV602A、FV602B 处于全关状态；ROV609、ROV610、FV602C 处于全开状态。

（13）确认流量旁通区阀门 ROV601、ROV602、ROV603、ROV604 处于关闭状态，FV601A、FV601B 处于全关状态。

（14）开启阀门 ROV612，确认阀门 BV701、ESDV103、ROV702 处于开启状态，确认阀门 ROV611 处于关闭状态。

（15）确认计量调压撬阀门 PSV702A、ESDV103、ROV701 处于开启状态，PV702C 开度保证下游压力在 5.0MPa。

（16）根据测试流量点导通相对应喷嘴上下游球阀，进行检定流程的切换。

（17）电加热装置的开启。

① 电加热装置的开启需要有专业电工陪同。

② 根据温降设置电加热装置的出口温度，确保检定气体温度在 15～25℃（优选 20℃）。

如无须开启电加热，直接进入检定流程的切换。

2. 检定流程的切换

调节 PV501，使临界流喷嘴满足背压比条件并达到流量稳定状态。

3. 流量点调节

根据检定/校准/测试的流量点选择限流喷嘴支路，开启限流喷嘴对应的上下游阀门。喷嘴流量与支路阀门的对应表见表 3-4。

表 3-4　喷嘴流量与支路阀门的对应表

喷嘴流量/（m³/h）	喷嘴对应上下游阀门	喷嘴流量/（m³/h）	喷嘴对应上下游阀门
400	HOV503-18，HOV503-19	65	HOV503-21，HOV503-22
250	HOV503-16，HOV503-17	40	HOV503-23，HOV503-24
160	HOV503-14，HOV503-15	25	HOV503-25，HOV503-26
100	HOV503-12，HOV503-13	16	HOV503-27，HOV503-28

注意事项：

（1）在每个流量点切换过程中，要时刻注意武汉石化支线压力值，以及喷嘴前后的压力值。

（2）根据测试流量开启相应流量喷嘴支路，确保各支路平衡阀全部关闭。

（3）防止气体流量超出 DN100 传递涡轮上限流量 400m³/h，在流程切换到 400m³/h 喷嘴支路时，应先开启 16m³/h 或 25m³/h 喷嘴，关闭本次测试开启的其他流量的喷嘴，然后开启 400m³/h 喷嘴，最后关闭小流量喷嘴。

4. 计量检定工艺流程恢复

（1）开启进出站区阀门 ROV103，确认 ROV101、ROV102 处于开启状态，PV101 处于全开状态。

（2）待武汉输气站、武汉石化支线流程恢复后，关闭计量调压撬 ROV701、PV702C。

（3）待武汉分站压力与主干线压力平衡时，开启 ROV201、关闭大差压调节区阀门 PV201A/B，开启 ROV202，关闭稳压装置区 PV202C。

（4）将 ROV103、PV101 执行机构打到"Stop"状态。

（5）关闭工作级标准区以及原级标准区所有阀门。

（6）关闭进站总计量区阀门 ROV106、ROV107。

（7）关闭电加热装置阀门 ROV110、ROV111。

（8）关闭出站阀门 ROV612。

5. 检定系统操作步骤

HPPP 法原级标准装置操作流程框图如图 3-3 所示。

运行前条件确认包括如下内容：

（1）在 HPPP 前端（入口）和后端（出口）安装有调节阀，用于控制气体流量。

（2）应确保气体干燥且没有任何液滴。气体过滤器能达到保证气流内的固体颗粒（粉尘）不超过 2μm。

（3）氮气供应压力不低于 0.6 MPa。

（4）通过 HPPP 气体的温度稳定性应控制在：10min 波动少于±0.5K，1h 内少于±1K。

（5）气体温度与 HPPP 安装房间的空气温度之间的差值不应超过± 2K。房间内的温度波动不能超过± 2K/h。

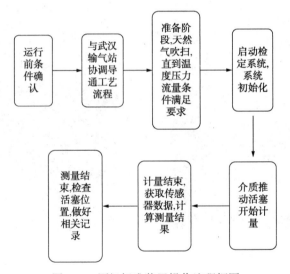

图 3-3　原级标准装置操作流程框图

五、检维修要点和常见故障处理

1. 每日维护

维护要点	操作	维护要点	操作
检漏	使用移动气体检测仪检查燃气泄漏	检查测量设备状态	检查传感器的值

2. 每周维护

维护要点	操作	维护要点	操作
检查软管有无磨损	目视检查	检查压力表功能	目视检查

3. 每月维护

维护要点	操作	维护要点	操作
球阀	功能检查	紧急停止	功能检查

4. 每年维护

维护要点	操作	维护要点	操作
检查备件	如果有必要，替换某些管段。检查备件和清洁。	传感器	校准测试

5. 每 200 次测量

维护要点	操作
活塞密封垫	更换活塞密封圈并进行磨合
活塞的滑环	更换活塞滑环并进行磨合
 正确操作： 支撑和固件之间有足够的空间	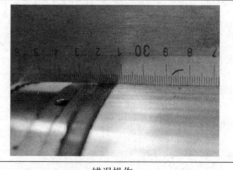 错误操作： 支撑和固件之间没有足够的空间

注：各个压力装置如过滤器和止回阀根据制造商的说明书进行维护。传递涡轮流量计的润滑根据制造商的说明书进行维护。

6. 错误代码

代码	错误消息	错误原因
5500	温度传感器断线（数据未上传）	温度传感器没有及时地更新温度值。检查所有的传感器的连接
5501	接近开关故障。开关<接近开关>可能断开了连接	接近开关信号值指示没有连接传感器或活塞处于一个无法确定的位置

续表

代码	错误消息	错误原因
5502	ROV 阀门切换失败	ROV 阀门切换超时故障
5503	温度传感器更新数据超时，最大更新时间：<时间>毫秒	温度传感器更新数据的时间超时。检查现场总线连接
5504	现场总线通信错误。温度值无效	现场总线通信没有成功。检查总线连接和 NI-FBUS 通信管理器
6500	安全通道"<CHANNEL_ID>"信号硬件错误	从 HOV 或 ROV 收到错误的信号
6501	测量时间超时。接近开关<接近开关>没在规定时间内响应。试图返回到开始位置	接近开关 A4/B4/C4 并没有在时间限制内响应。检查接近传感器和活塞移动到 A4/B4/C4 需要的时间
6502	DAQ 任务在重新启动：<时间>。测量启动：<时间>。测量结束：<时间>	NI DAQ 卡在测试时间内重新启动，重新进行测试。如果此错误仍然存在，与系统管理员联系
6503	活塞返回时间超时。接近开关 DI07_ZS_A1 没有在规定时间内响应	接近开关 A1 没有在规定时间内响应。检查接近传感器和活塞移动到 A1 需要的时间
6504	测量数据没有被保存。如果错误数据应该保存，更改配置"Save_on_error"	测试时发生错误，导致测量结果没有保存到数据库中
6505	测量计算错误：<类型> 计算值：<值> 最大允许：<值>	计算错误(可能是硬件故障)
6507	保存到数据库时是出错	保存结果未成功。检查日志文件以获取更多信息
6508	数据导出到 csv 文件时出错	导出 CSV 时失败。检查日志文件以获取更多信息
9501	GasCalc 返回错误："<错误说明>"	与 GasCalc 通信失败。检查错误信息和使用的参数

六、注意事项

1. 适用范围

这款软件是由 Ehrler Prüftechnik Engineering GmbH 公司特别为 HPPP 开发的，市场上其他的软件禁止在安装此软件的计算机上使用。软件的修改也只能由 Ehrler Prüftechnik Engineering GmbH 公司进行。为了保证这款软件的稳定性，安装这款软件的计算机要保证不安装其他软件。

警告	对 Ehrler Prüftechnik Engineering GmbH 公司开发的软件进行修改，将导致保修功能失效。保修功能的失效也包括运行时结果错误、硬件损伤和人员伤害
警告	在运行软件或测试此软件时，不允许安装运行其他软件

2. 软件的安装

Ehrler Prüftechnik 已经将软件安装在计算机中，升级软件的执行文件安装在 C：\ P6096 -001 \ P6096-001. exe，通常只需要替换执行文件（P6096-001. exe）和一些配置文件。

警告	在配置文件目录下的文件，用于软件的配置。更改这些文件将导致软件的功能错误；这些文件不能用编辑器编制
警告	每次安装升级之前都要先备份"Config"文件夹

第二节 *mt* 法原级标准装置

质量-时间法（以下简称 *mt* 法）流量标准装置是通过测量计量容器中在充气前后的质量变化来获得质量流量。由于质量流量是质量和时间的导出量，不确定度影响因素相对较少，可直接溯源到国家质量和时间基准，测量不确定度一般可优于 0.10%（$k = 2$），因此在国内、外气体流量计量溯源链中作为原级标准有广泛的应用。由于原级标准处于计量溯源链的最高端，因此，其技术水平和能力直接影响了整个计量溯源链的技术水平和能力，在量值传递过程中发挥着至关重要的作用。

一、工艺流程

mt 法天然气流量原级标准装置主要用于检定/校准传递标准（如临界流喷嘴），其工艺流程原理如图 3-4 所示。

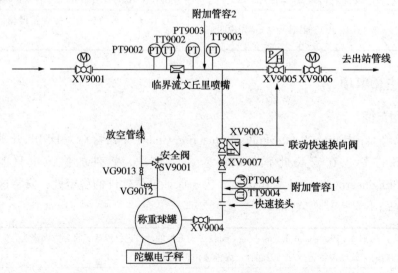

图 3-4 *mt* 法原级标准装置工艺流程原理示意图

mt 法原级标准装置的工作原理是：在测试开始前，天然气流经测试管路里的临界流喷嘴后进入低压出站管线；待流动状态稳定后，联动快速切换阀换向，使天然气流入称重球罐内，同时开始计时；到预置的测试时间后，联动快速切换阀再次换向，使天然气流到低压出站管线，同时停止计时；用称重球罐和附加管容内天然气质量的变化量和测试时间即可计算出天然气的质量流量。质量流量可用式(3-2)计算：

$$q_{m,s} = \frac{m_e - m_s}{t - \Delta t}$$

$$= \frac{1}{t - \Delta t} \times \{(W_e - W_s) + (\Delta W_b) + V_{L1} \times (\rho_{1e} - \rho_{1s}) + V_{L2} \times (\rho_{2e} - \rho_{2s})\}$$

$$(3-2)$$

式中　$q_{m,s}$——mt 法气体流量标准装置测量的质量流量，kg/s；

m——气体导入称重球罐前球罐内的气体质量与附加管容中气体质量之和，kg；

m_e——气体导入称重球罐后球罐内的气体质量与附加管容气体；

W_s W——气体导入称重球罐前、后脱落电子秤的质量读数，kg；

ΔW_b——测试结束和开始时，称重球罐所受空气浮力的变化量，kg；

V_L——附加管容容积，m³；

ρ——附加管容中的气体密度，kg/m³；

t——计时系统测量的时间，s；

Δt——快速切换阀换向系统时间差，s。

二、设备组成

mt 法原级标准装置主要由陀螺电子秤、称重球罐、计时器、联动快速切换阀、液压系统、球阀和工艺管道、临界流文丘里喷嘴测试管路、温度和压力测量仪表、在线气相色谱仪、数据采集处理和控制系统等组成。

三、技术指标

mt 原级标准装置主要技术指标为：

(1) 测量介质：天然气；

(2) 工作压力：2.5~10.0MPa；

(3) 测量范围：8~443m³/h；

(4) 测量结果的不确定度：$U = 0.10\%(k = 2)$。

四、操作程序

高压天然气进入存储容器和稳压容器中，并使其压力达到规定值，并稳定一段时间，使稳压容器中的天然气温度达到稳定。

检测前，整个系统的状态是称重容器与管路脱开，并由千斤顶托起。

1. 称量皮重

操作千斤顶，将称量容器放落在秤上称量，记下皮重。然后再用千斤顶托起，并与管路接通。

2. 检测

缓慢地打开阀门，使储存容器内的天然气通过压力调节系统，再通过稳压容器、阀门、临界流喷嘴、换向系统、流量计试验段、调节阀、消声器流到低压管线。由于稳压容器的控制，使其管路中的天然气压力为需要的压力，并保持不变。由于临界流喷嘴的控制，使天然气流量不变。当气流稳定后，启动换向系统，使天然气流从流向低压管道切换到流入称量容器，同时启动计时器计时。在换向的同时，测量并记录喷嘴与称量容器之间这段管路内的压力和温度。

当喷嘴下游压力快要升高到与其上游压力之比达到临界压力比时，再次启动换向系统，使天然气流从流入称量容器切换到流向低压管道，同时停止计时器计时。在换向的同时，测量并记录喷嘴与称量容器之间这段管路内的压力和温度。

3. 称质量

用脱开系统将称量容器从管路上脱开，并放置在秤上称其质量，计算测试时间内充入称量容器内天然气的质量。

4. 计算补偿管段内的质量变化量

根据换向系统两次换向时测量并记录的喷嘴与称量容器之间这段管路内的压力和温度，计算这段管路内的质量变化量。

5. 计算质量流量

根据上述测试过程中测得的相关量值，用式(3-2)计算 mt 法原级标准测得的质量流量。

五、检维修要点和常见故障处理

原级标准是流量量值传递的源头，具有最高计量学特性，为了保持其计量学特性，必须做好精心维护。另外，由于 mt 法高压天然气流量原级标准装置主要用于对计量检测机构的传递标准或次级标准中的临界流文丘里喷嘴流出系数的校准，而临界流文丘里喷嘴的检定周期为 5 年，所以，如何保证临界流文丘里喷嘴流出系数校准结果准确可靠是非常重要的。

通常，为了保持 mt 法原级标准的计量学特性和保证校准临界流文丘里喷嘴流出系数准确，需做好如下几个方面维护：

（1）保证 mt 法高压天然气流量原级标准装置测量结果的有效性。定期对装置中使用的计量器具进行检定和校准，并具有有效的证书。

（2）确保参数测量结果的准确性。每次使用前，都应对计量器具的性能进行核验和确认。应对装置中的温度和压力测量仪表进行校准，尤其是要对测量喷嘴入口参数的温度和压力测量仪表进行校准和核验确认；对天平进行校准。

（3）保证 *mt* 法高压天然气流量原级标准装置的计量性能。按照 JJF1033《计量标准考核规范》的要求，定期对 *mt* 法高压天然气流量原级标准装置进行期间核查，进行稳定性和重复性测试和评估。定期开展与其他实验室的比对实验。

（4）加强对色谱分析仪的维护和测量结果的核查，确认使用的在线色谱分析仪测量结果准确时，方可进行喷嘴校准。

（5）加强设备保养和检查。每次使用前，都对原级标准中的阀门的密封性进行检测，包括截止阀、放空阀、注氮阀、安全阀等。定期对联动快速换向阀进行注脂及换向时间系统差测试和验证。

（6）加强对除湿空调机的保养，保证原级标准的操作环境条件。

（7）建立计量标准的技术文集。

六、注意事项

1. 保证 *mt* 法原级标准装置的操作安全

mt 法原级标准装置操作复杂，管道打开频繁。在一个压力点下每测试一次，都要打开管道作业两次，称重球罐要进行一次充气和放气操作，联动切换阀要快速开关动作两次。一般情况下一只临界流喷嘴至少要在三个压力点下进行校准，每个压力点下至少校准三次。所以，如何保证设备安全和操作安全是首先要研究解决的问题。针对 *mt* 法高压天然气流量标准装置操作，应建立完善的操作规程，并包括：装置操作过程中的危害因素辨识及风险评价、装置操作前安全检查确认、工作前安全分析、现场和中控室间的操作确认表等。

2. 提高 *mt* 法原级标准装置的测量准确度、准确开展天然气流量量值传递

原级标准复现的天然气流量量值的准确度不仅直接取决于质量测量和时间测量设备自身的准确度，还与设备操作、环境条件、工况条件、校准方法、修正计算方法、数据采集和处理方法等有关。

（1）提高质量测量准确度的措施。流过临界流文丘里喷嘴的天然气质量分为两个部分，分别是测试结束和开始时刻称重球罐及附加管容中天然气质量的变化量。称重球罐中的天然气质量用天平测量，附加管容中的天然气质量用气体状态方程计算。天平测量的质量主要受天平自身的准确度、空气浮力修正及周围环境条件的影响。附加管容中天然气质量计算结果主要受附加管容容积、状态参数和天然气密度测量准确度的影响。提高质量测量准确度的主要措施如下：

① 提高电磁天平测量值的准确度。

② 严格控制和检测环境参数。

③ 减小和修正附加管容的影响。

④ 提高天然气密度计算的准确度。

⑤ 提高球罐空气浮力计算的准确度。

（2）提高时间测量准确度的措施。影响测试时间测量准确度的主要因素包括计时器自身的准确度、测试时间启停控制的方式和联动快速换向阀切换时间系统差。提高时间测量准确度的措施如下：

① 配置高准确度的计时器。

② 控制每次测试的时间不小于 60s。

③ 优化计时器启停的控制方式。

④ 对联动快速换向阀切换时间系统差进行修正。

3. 正确读取测量的过程参数

在读取天平读数的同时读取称重球罐周围温度变送器测量的温度值以及室内的大气压力和相对湿度，以便对称重球罐的空气浮力进行准确计算，对称重读数进行准确的修正。在预置的测试时间完成后，球罐充气快速换向阀关闭的瞬间测取喷嘴下游附加管容中的过程参数，以便准确计算测试结束时喷嘴下游附加管容中的天然气质量。

4. 保证工作状态正确

mt 法原级标准工作时，应确保临界流喷嘴工作在临界流状态，使其下游压力与上游压力之比不大于 0. 85。

5. 保持工况参数稳定

在测试过程中保持喷嘴上游的工况参数稳定。测试开始前，要有足够长时间的预运行，使喷嘴的上游参数在 5min 内的变化分别不超过 0. 1℃ 和 2kPa 方可进行测试。

第三节 $pVTt$ 法原级标准装置

一、工艺流程

$pVTt$ 法气体流量标准装置是间接测量气体质量流量的一种标准装置。它有一组容积固定的标准容器，测量在某段时间 t 内，当气体进入标准容器时，根据测量的容积为 V 的标准容器内的热力学温度 T 和绝对压力 p 的变化，计算气体的质量，进而计算出质量流量。

　　$pVTt$ 法气体流量标准装置主要用于检定或校准临界流文丘里喷嘴。装置的结构按使用时气流对标准容器的方向，可分为流入式和流出式；按气源压力大小可分为常压（标准容器抽空）和高压两种。

　　$pVTt$ 法原级标准装置的特点如下：

　　（1）装置的准确度高。$pVTt$ 法气体流量标准装置的标准容积是固定不变的，是用静态测量温度和压力来计算质量。温度、压力的测量仪器可选准确度较高的仪表。

　　（2）适合于测量单质气体。如空气或其他单质气体，由于是通过压力和温度的准确测量，可较准确计算其密度，所以装置更适合于测量单质气体的质量流量。

二、设备组成

　　$pVTt$ 法气体流量标准装置主要由固定容积为 V 的标准容器、测量压力 p 用的压力计、测量温度 T 用的温度计和测量时间 t 的计时器等组成。其他附属设备有真空泵（包括降温用的水冷却系统）、阀门（气动或电动）、临界流喷嘴或文丘里喷嘴以及数据采集处理和控制系统等。

　　为了得到容器内的平均温度，在标准容器内设置多个测量点；为了能获得均匀温度场，标准容器内装设搅拌风机，或是将标准容器放置在恒温水浴中。$pVTt$ 法原级标准装置结构原理示意图如图 3-5 所示。

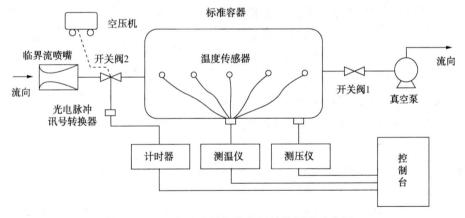

图 3-5　$pVTt$ 法流量标准装置结构原理示意图

三、技术指标

　　$pVTt$ 法气体流量标准装置主要技术参数如下：

1. 标准容器及计量器具

　　（1）标准容器标称容积：100L、2m^3；

　　（2）标准容器内绝压传感器的准确度等级为 0.01 级；

（3）标准容器内测温系统的扩展不确定度为 0.05℃；

（4）通用脉冲发生器的允许误差为 10^{-6}，计时的分辨率为 0.1ms。

2. 测量范围

（1）压力范围：0.1~2.5MPa；

（2）流量范围：0.019~1367kg/h。

3. 测量不确定度

质量流量扩展不确定度 $U_{rel} = 0.05\%（k=2）$。

四、操作程序

装置工作时，首先开动真空泵对标准容器抽真空，使容器内气体的真空度低于 10kPa，关闭开关阀 1 和真空泵。待容器内气体压力和温度达到平衡初态后，由测控系统测量并记录标准容器内充气前的压力 p_e 和热力学温度 T_e；接着开启真空泵，使被检喷嘴迅速达到临界状态，自动高速三通切换阀迅速动作，使气体进入标准容器；自动高速三通切换阀动作的同时触发光电脉冲讯号转换器，启动计时；到达事先设定的充气时间后，自动高速三通切换阀动作，停止向标准容器内充气，同时再次触发光电脉冲讯号转换器，计时停止。待标准容器内气体达到平衡状态后，测量并记录充气平衡后的压力 p_f 和热力温度 T_f。

测试时间 t 内 $pVTt$ 法气体流量标准装置测量的实际质量流量 q_m 用式（3-3）计算。

$$q_m = \frac{\dfrac{V_{20}T_n z_n \rho_n}{p_n}\left(\dfrac{p_f}{T_f z_f} - \dfrac{p_e}{T_e z_e}\right)[1 + 3\alpha(\theta - 20)] - \Delta m}{t - \Delta t} \tag{3-3}$$

式中 q_m——装置测量的实际质量流量，kg/s；

   V_{20}——标准容器在 20℃下的容器，m^3；

   t——进气时间，s；

p_e，p_f，p_n——标准容器进气前、后空气的绝对压力和标准状态下空气的绝对压力，Pa；

T_e，T_f，T_n——标准容器进气前、后空气的热力学温度和标准状态下空气的热力学温度，K；

z_e，z_f，z_n——标准容器进气前、后空气的压缩系数和标准状态下的压缩因子；

   ρ_n——标准状态下空气的密度，kg/m^3；

   Δm——附加质量，由装置结构决定，kg；

   Δt——开关时间，s；

   α——标准容器材料的线膨胀系数，℃$^{-1}$；

   θ——标准容器壁面温度，℃。

音速喷嘴和其下游的开关阀 2 之间有一段管道。测试时，当开关阀 2 打开时，计时开始，这段管道内的空气状态为室内的滞止状态（p_0，T_0）；开关阀 2 关闭时，计时结束，这段管道内的空气状态接近标准容器内进气后的空气状态（p_f，T_f）。这样，在检测时间 t 内，就有一部分空气 Δm 没有通过喷嘴进入标准容器内。式（3-3）中的附加质量 Δm 用式（3-4）计算。

$$\Delta m = \frac{\Delta V}{R_a}\left(\frac{p_f}{T_f} - \frac{p_0}{T_0}\right) \tag{3-4}$$

式中　Δm——附加质量，kg；

　　　ΔV——管道的容积，m^3；

　　　R_a——气体常数，J/（kg·K）。

对空气而言

$$R_a = \frac{8314.41J/(kmol \cdot K)}{28.962kg/kmol} = 287.0796J/(kg \cdot K)$$

按照 ISO 4185 推荐的方法，即在某个音速喷嘴的流量下，阀门开、关 1 次测得流量，再在此流量下，阀门开、关 n 次测得流量，则开关阀时间系统差 Δt 用式（3-5）计算。

$$\Delta t = \frac{t}{n-1}\left(1 - \frac{q_m}{q'_m}\frac{\sum\limits_{i=1}^{n}m_i}{m} \times \frac{1}{\sum\limits_{i=1}^{n}t_i}\right) \tag{3-5}$$

式中　t——1 次开、关时测得的时间，s；

　　　m——1 次开、关时测得的质量，kg；

q_m，q'_m——1 次和 n 次开、关时，音速喷嘴的质量流量，kg/s；

$\sum\limits_{i=1}^{n}t_i$——n 次开、关时，测得的 n 次时间之和，s；

$\sum\limits_{i=1}^{n}m_i$——m 次开、关时，测得的 m 次质量，kg。

五、检维修要点和常见故障处理

原级标准是流量量值传递的源头，具有最高计量学特性，为了保持其计量学特性，必须做好精心维护。

（1）保证标准装置测量结果的有效性。定期对装置中使用的计量器具进行检定和校准，并具有有效的证书。

（2）确保参数测量结果的准确性。每次使用前，都应对计量器具的性能进行核验和确认，必要时进行校准。

（3）保证标准装置的计量性能。按照 JJF1033《计量标准考核规范》的要求，定期对标准装置进行期间核查，进行稳定性和重复性测试和评估。定期开展与其他实验室的比对实验。

（4）加强设备保养和检查。每次使用前，都对标准装置中的阀门的密封性进行检测。定期对联动快速换向阀及换向时间系统差进行测试和验证。

（5）建立计量标准的技术文集。

六、注意事项

（1）标准容器内表面不得有凹陷和凸起，若涂有保护层不应有脱落和吸水现象。

（2）标准容器应设置入孔，以利于检查内表面、安装附件、维修及检测工作。

（3）标准容器应安装在牢固的基座上；应避免日光直射，远离热源，满足检测仪器对环境的要求。

（4）标准容器内应多测温，并合理布置测温点，以减少由于标准容器内气体温度梯度引入的检测不确定度。

（5）标准容器上应设置取压孔，取压孔应是圆形的，入口处无主刺，其直径应小于 12mm。

（6）标准容器管路系统中的阀门在开启和关闭过程中，不得有卡滞。当整个系统处于关闭状态时，应密封。真空泵关闭时，抽气系统不返油。

（7）如直接采用大气为介质，应测量空气湿度，并对湿度的影响进行修正。

第四节　音速喷嘴法次级天然气流量标准装置

一、工艺流程

临界流文丘里喷嘴法根据气体流量标准装置（简称喷嘴标准装置）的气源设置的不同分为负压法和正压法两种。负压法就是以大气作为源头，在喷嘴下游用真空泵造成负压以满足临界条件。正压法的喷嘴下游是大气或密闭管道，通过在喷嘴上游设置气源系统和压力调节系统，使上游压力可调以满足临界条件。本书介绍的临界流文丘里喷嘴标准装置为正压法。

临界流文丘里喷嘴工作原理是根据气体动力学原理，当气体通过喷嘴时，喷嘴上、下游气流压力比达到某一特定数值的条件下，在喷嘴喉部形成临界流状态，气流达到最大速度（当地音速），流过喷嘴的气体质量流量也达到最大值，此时流量只与喷嘴入口处的滞止压力 p_0 和温度 T_0 有关，而不受其下游状态变化的影响。流经临界流喷嘴的质量流量 q_m 用式（3-6）计算。

$$q_m = \frac{\pi}{4}d^2 \cdot C_d \cdot C^* \frac{p_0}{\sqrt{(R/M)T_0}} \tag{3-6}$$

式中　q_m——音速喷嘴在实际条件下的质量流量，kg/s；

　　　d——音速喷嘴的喉部直径，m；

　　　C_d——音速喷嘴的流出系数；

　　　C^*——实际气体的临界流函数；

　　　p_0——音速喷嘴前的气体滞止绝对压力，Pa；

　　　T_0——音速喷嘴前的气体滞止温度，K；

　　　R——通用气体常数，J/(mol·K)；

　　　M——气体摩尔质量，kg/mol。

临界流文丘里喷嘴标准装置有如下特点：

(1) 无可动部件、结构简单、坚固耐用、计量性能稳定。

(2) 较好的重复性、复现性、不受下游检测流体介质参数的影响。

二、设备组成

喷嘴标准装置主要由喷嘴组、滞止容器、背压容器、选择喷嘴的阀门组件组成。为了进行准确计算，喷嘴前设有高精度的压力变送器、温度变送器，用于计算喷嘴前的滞止压力和滞止温度；喷嘴后也设有压力变送器，用于计算喷嘴的背压比。配置有被检流量计及管路系统、气路系统(该系统提供气动阀门气源并用于在检定过程中控制喷嘴的开和关，以建立不同的流量点)及数据采集与处理系统。典型的正压法临界流喷嘴法气体流量标准装置如图3-6所示。

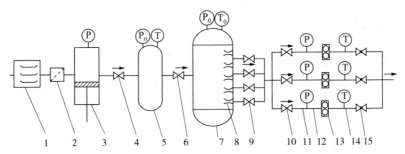

图3-6　典型正压法临界流喷嘴气体流量标准装置示意图

1—干燥机；2—过滤器；3—压缩机；4，6—开关阀；5—稳压容器；

7—滞止容器；8—临界流喷嘴组；9—各喷嘴的开关阀；10—试验段开关阀；

11—被检流量计测压计；12—被检流量计前直管段；13—被检测流量计；

14—温度计；15—流量调节阀

三、技术指标

以国家石油天然气大流量计量站南京分站的临界流文丘里喷嘴法次级流量标准装置为例，其主要技术指标如下：

（1）工作介质：天然气；

（2）操作压力：4.5~7.0MPa；

（3）流量范围：8~3160m³/h；

（4）流量测量不确定度：0.22%（$k=2$）。

四、操作程序

用临界流文丘里喷嘴流量标准装置检定流量计时的主要操作步骤如下：

（1）安装好被检流量计，并检查无泄漏。

（2）连接好信号电缆。

（3）启动标准装置的控制系统，并根据被检流量计做好参数设置。

（4）导通工艺流程，用管道来气或是启动风机，在大流量点下开始预运行。

（5）待流动状态稳定后，按设置的流量点开始正式检定。

（6）根据检定过程中采集的数据和参数，计算被检流量计的计量特性指标。

（7）检定完成后，切回流程。

五、检维修要点和常见故障处理

不同类型的音速喷嘴法气体流量标准装置的检维修要点也不相同，但作为对计量标准装置的普遍要求，其检维修要点可参见第一节、第二节及第三节中的第五部分。

要重点关注喷嘴各支路上、下游阀门的密封性。

六、注意事项

（1）装置的流量应能覆盖被检测流量计的流量范围。

（2）应能保持管路中的气流为定常流，在检定过程中，压力、温度和流速要保持稳定。

（3）要使喷嘴的上、下游之间有足够的压差，以确保喷嘴工作在临界流状态，一般压比不大于0.85。

（4）如果检定用介质是天然气，则应配置在线气体色谱分析仪，以便准确测量天然气的组分，计算天然气的分量、密度和压缩因子。

（5）要根据喷嘴喉部雷诺数对应的流出系数，对喷嘴测量的流量进行修正。

第五节　涡轮标准表法标准装置

涡轮标准表法标准装置采用标准表法原理，通常用作工作标准。

一、工艺流程

工作标准装置采用标准表法工作原理，利用流体流动的连续性原理，将标准表和被检表串联，将标准涡轮流量计与被检流量计所测量的流量值相比较，经压力、温度、组分补偿换算至同一工况条件下，计算得到被检流量计的流量测量误差，确定被检流量计的技术指标。当检定流量在单台标准涡轮流量计工作范围内时，选用指定的单台标准流量计作为流量标准器；当检定流量超过单台标准涡轮流量计工作范围时，选用多台标准涡轮流量计并联作为流量标准器。

标准涡轮流量计的量值溯源与传递均采用在线原位进行，不需要进行拆装，降低安装条件对测量结果的影响，通过工艺流程的切换实现量值传递。

首先，用两台 G250 传递标准涡轮流量计分别校准工作标准中的 4 台 G250 标准涡轮流量计。在此过程中，标准流量为两台 G250 传递标准平均值。

然后，再用小口径标准涡轮流量计组合对大口径标准涡轮流量计进行量值传递，可采用以下两种方式：

（1）用小流量工作标准中的 4 台 G250 涡轮流量计分别校准大流量标准中的 6 台 G1000 标准涡轮流量计完成量值传递，如图 3-7（a）所示。

（2）用小流量工作标准中的 4 台 G250 涡轮流量计校准安装于被检流量计 MUT1 位置的 1 台 G1000 标准涡轮流量计，再用该 G1000 标准涡轮流量计分别校准其他 6 个 G1000 标准涡轮流量计，通过系统互换标准表和被检表逻辑实现，如图 3-7（b）所示。

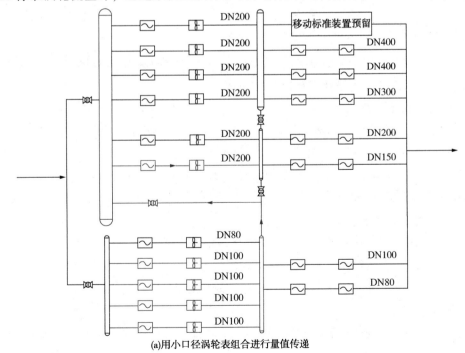

(a)用小口径涡轮表组合进行量值传递

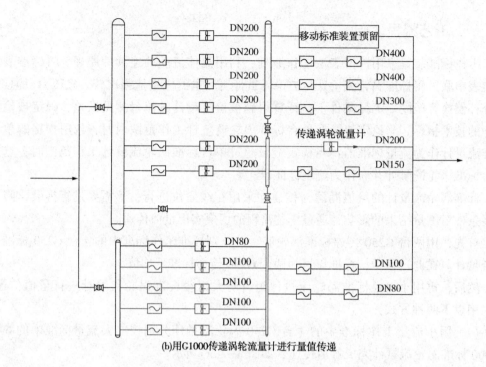

(b)用G1000传递涡轮流量计进行量值传递

图3-7 工作标准装置量值传递流程

通过以上不同量值传递方式可实现工作标准装置的相互比对验证，进一步提高工作标准装置的可靠性和准确度。

二、设备组成

为减小管容对检定结果的影响，武汉分站的工作标准采用了分区域设置，由小流量检定系统、大流量检定系统及检定台位组成。

1. 小流量检定系统

小流量检定系统由 5 台准确度等级为 0.2 级的标准涡轮流量计组成（包括：4 台 DN100 和 1 台 DN80），通过标准涡轮流量计的组合达到 $20\sim1600\text{m}^3/\text{h}$ 检定流量范围。标准涡轮流量计上游 1 对 1 安装了 5 台口径为 DN100 的超声流量计作为核查标准，用于实时监测标准涡轮流量计的工作状态。

2. 大流量检定系统

大流量检定系统由 6 台准确度等级为 0.2 级的 DN200 标准涡轮流量计组成。通过标准涡轮流量计的组合达到 $80\sim9600\text{m}^3/\text{h}$ 检定流量范围。标准涡轮流量计上游 1 对 1 安装了 6 台 DN200 超声流量计作为核查标准，用于实时监测标准涡轮流量计的工作状态。

3. 检定台位

小流量检定系统和大流量检定系统下游设计了 7 路检定台位，分别为 DN80、

DN100、DN150、DN200、DN300 和 DN400，通过变径短接可以安装 DN50~DN400 的被检天然气流量计，每个检定台位可以同时串联安装两台被检流量计。另外，还设计了 1 对 DN300 的移动标准装置检定接口。

在每个检定台位处，每个检定台管路上设置一台液动伸缩器，便于被检流量计拆卸。设置 1 个防爆仪表接线箱，以便将被检流量计的流量信号、温度信号、压力信号接入到控制系统中完成数据采集、计算。另外，还需要设置防爆仪表接线箱给被检台位处流量计、温变、压变提供直流电源供电（24DVC）。

4. 移动标准检定台位

武汉分站工作标准装置上设置了一对 DN300 法兰预留接口，以便用工作标准对车载移动式标准装置上的标准流量计进行校准。根据检定流量，需要打开大、小流量核查标准表和大、小流量工作标准表，检定用气进入检定管路对车载移动式标准装置上的标准流量计进行校准。在检定管路上设置两台液动夹表器将车载连接管路和站场的检定管路紧密连接。

在预留接口处，将设置 1 个防爆仪表接线箱，以便将被检流量计的流量信号、温度信号、压力信号接入到控制系统中完成数据采集、计算。另外在预留接口处，还设置 1 个防爆配电接线箱，以便给移动标定车供电，配电要求为交流电 380VAC、20kW。

5. 配套计量仪表

为了满足计量检定和控制需要，配套计量仪表应包括天然气流量标准装置配套计量仪表和过程参数测量计量仪表。计量仪表包括：温度变送器、压力变送器、差压变送器、在线气相色谱仪等；过程参数测量仪表主要有温度和压力测量仪表。

三、技术指标

1. 工作标准装置主要技术指标

（1）工作压力：2.5~10MPa；

（2）流量范围：20~9600m³/h；

（3）扩展不确定度：$U \leqslant 0.16\%$（$k=2$）；

（4）测量重复性优于：0.04%；

（5）被检流量计口径：DN50~DN500。

2. 关键设备技术指标

（1）标准涡轮流量计。标准涡轮流量计为工作标准装置主标准器，其特点是具有两级整流结构，铝制叶轮，间隙流量强行整流结构，轴承式全密封结构，双高频脉冲输出。主要技术指标见表 3-5。

表 3-5　标准涡轮流量计技术指标

口径	厂家/型号	流量范围/(m³/h)	数量/台	准确度等级	重复性/%
DN200	Elster G1000	80~1600	6		
DN100	Elster G250	20~400	4	0.2 级	0.04
DN80	Elster G100	16~160	1		

（2）核查超声流量计。在标准涡轮流量计上游一对一安装了超声流量计，用于实时核查涡轮流量计的性能，确保量值传递的准确可靠。选用 RMG 的 6 声道超声流量计，主要技术指标见表 3-6。

表 3-6　核查超声流量计技术指标

口径	厂家/型号	流量范围/(m³/h)	数量/台	准确度等级	重复性/%
DN200	RMG USZ08	40~4000	6		
DN100	RMG USZ08	13~1000	5	0.25 级	0.05

其他技术指标如下：

工作介质：天然气；

压力等级：10MPa；

分辨率：0.001m/s；

最大允许峰峰误差：0.5%；

速度采样间隔时间：≤1s；

零流量读数：每一声道<6mm/s。

四、操作程序

工作标准装置操作流程如图 3-8 所示。

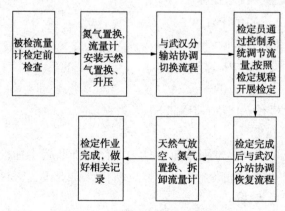

图 3-8　工作标准装置操作流程框图

1. 被检流量计检定前检查作业

（1）条件确认。

① 接生产技术部指令后，值班人员做好记录。

② 操作人员穿戴合适的劳保用品。

③ 各类操作工具、设备专用工具准备齐全、完好、摆放整齐。

（2）操作步骤。

① 利用防爆工具打开被检流量计外包装箱。

② 检查被检流量计外观，对以下几个方面进行检查记录：

（a）被检流量计表面是否有毛刺、划痕、裂纹、锈蚀、霉斑和图层剥落现象，密封面是否平整、有损伤。

（b）流量计内部是否清洁，超声流量计探头是否干净（或涡轮转子转动是否灵活）。

（c）流量计表体的连接部分的焊接是否平整光洁，有无虚焊脱焊现象。

（d）接插件是否牢固可靠。

（e）按键手感是否适中，有无粘连现象。

（f）流量计的各项标示是否正确，读数装置上的防护玻璃是否有良好的透明度，有无使读数畸变等妨碍读数的缺陷。

③ 观察被检流量计铭牌，记录流量计铭牌上的相关参数。

④ 用游标卡尺对口径进行测量，确认相关参数与检定任务书是否一致，判断流量计内径与前后直管段内径误差是否小于 1%。

2. 流量计安装

（1）条件确认。

① 接生产技术部指令后，值班人员做好记录。

② 各种作业票办理齐全。

③ 操作人员穿戴合适的劳保用品，并持有相应的操作证。

④ 消防器材准备齐全、完好，整齐摆放在指定位置。

⑤ 各类操作工具、设备专用工具及材料准备齐全、完好、摆放整齐。

（2）操作步骤。

① 根据流量计的口径选取合适的检定支路。

② 关闭所选检定管段的前后强制密封阀，打开放空阀放空，让管道内天然气以不高于 0.5MPa/min 的降压速度进行放空，观察压力表读数，放空至微正压后关闭放空阀。

③ 放空完成后，打开液氮装置出口阀 BV426，缓慢打开所选检定之路注氮阀和放空阀对检定管段进行氮气置换，在检测口处检测甲烷含量，当甲烷含量低于 0.5% 时，3min 以内连续确认，视为置换完成。

④ 氮气置换完成后拆卸直管段及被检流量计短接管(或原流量计)。

⑤ 将手动液压伸缩器打到最短的位置;根据流量计的口径选取合适的变径管、直管段组;安装检定管段上游变径管;变径管后依次安装 10D 直管段、板式整流器、10D 直管段,上游管段安装完毕后固定支架;安装检定管段下游变径管;在变径管前安装下游直管段,固定支架;用行吊将被检流量计升至与检定台位直管段高度一致;调节手动液压伸缩器至合适位置,安装被检流量计。

⑥ 打开液氮装置出口阀 BV426,缓慢打开所选检定支路注氮阀、放空阀对检定管段进行氮气置换;在检测点检测氧气含量,当氧气含量低于 2% 时,3min 以内连续确认,视为置换完成。

⑦ 缓慢打开所选检定支路旁通阀,控制管道内气体流速,使管道内气体流速不大于 5m/s,同时打开所选检定支路放空阀进行放空;一段时间后利用 Impulse X4 便携式可燃气体检测仪在检测口处检测甲烷含量,当 Impulse X4 检测仪显示甲烷值达到 93%,并且在 3min 以内连续检测结果显示有增无减时,认为天然气置换完成;关闭旁通阀、放空阀。

⑧ 缓慢打开所选检定支路上游球阀平衡阀,使检定管段缓慢升压;观察压力表读数,当管道内气体压力升至 2.5MPa 后关闭平衡阀,进行稳压检漏,稳压时间不得少于 10min,合格后缓慢打开平衡阀,对管道继续升压;观察压力表读数,当管道内气体压力每升高 0.5MPa 后关闭平衡阀,进行稳压检漏,稳压时间不得少于 10min,合格后缓慢打开平衡阀,重复以上升压过程对管道继续升压,直至升至与川气东送干线压力一致;当管道内气体压力升至川气东送干线压力后,关闭平衡阀,打开强制密封阀,稳压 30min 后进行检漏,确认无泄漏为合格。

⑨ 在升压过程中,需要对法兰连接处进行检漏。方法如下:用验漏液涂抹所有连接处,观察是否有气泡产生;发现泄漏后,应立即上报,由抢修人员处理。

3. 来气及外输流程切换作业

(1)条件确认。

① 接生产技术部指令后,值班人员做好记录。

② 各种作业票办理齐全。

③ 操作人员穿戴合适的劳保用品,并持有相应的操作证。

④ 消防器材准备齐全、完好,整齐摆放在指定位置。

⑤ 配套检定工艺流程和移动式天然气计量标准装置流程工艺操作程序灵活,密封性能好,经测试完全达到备用状态。

(2)作业步骤。

① 与武汉输气站现场操作人员进行确认,协调气源,不得影响川气东送正常生产供气。

② 确认过滤分离器、进站计量撬、大压差调节区、稳压阀组区、工作核查标准区、检定台位区、流量调节阀组区、流量旁通阀组区处于导通状态。

③ 确认检定支路强制密封阀 ESDV101、ESDV102 处于关闭状态，ROV103 处于打开状态，ROV102、ROV103、PV101 处于打开状态。

④ 打开 ESDV101 平衡阀，观察下游压力表读数，压力每升高 0.5MPa 后关闭 ESDV101 平衡阀。

⑤ 重复④直至工艺流程压力达到川气东送干线压力一致。

⑥ 打开 ESDV101、ESDV102。

⑦ 关闭 ROV103、调节 PV101 开度到需要的进出站压差，流程切换完成。

4. 流量计检定/校准作业

（1）条件确认。

① 接生产技术部指令后，值班人员做好记录。

② 操作人员穿戴合适的劳保用品，并持有相应的操作证。

③ 所用的计量标准及配套温度、压力测量设备完好，并在有效的检定周期内。

④ 在线气相色谱分析仪运行状态正常，分析数据正常，并在有效的检定周期内。

⑤ 确认 UPS 电源状态正常。

⑥ 待检流量计已经安装完毕，升压紧固无泄漏，并已正确切换至选定的标准表支路。

⑦ 气量和压力能够满足流量计检定和校准作业要求，气质合格。

⑧ 环境条件（温度、湿度、可燃气体浓度）符合检定/校准规程规定的要求。

⑨ 解除所有影响检定/校准的报警信息，使得系统处于正常待检状态。

⑩ 各类操作工具以及设备专用工具准备齐全、完好，摆放整齐。

（2）作业步骤。

① 按照检定系统操作步骤导通检定流程，处于待检定状态。

② 根据实际情况，对被检流量计进行参数检查、数据保存及诊断。

③ 如果为检定作业，则按照相应检定规程进行。

④ 如果为校准/测试作业，则按照检定规程或与用户签订的协议要求进行。

⑤ 每次数据采集完成后进行记录，并备份相关的数据。

⑥ 当所有流量点的数据都采集完时，对被检流量计进行系数修改，并对指定流量点进行核验。

⑦ 检定完成后，按相应检定规程的要求对数据进行处理，填写相应表格，上报生产技术部。

⑧ 通知武汉输气站值班人员检定作业结束，由检定员关闭流程。

5. 流量计拆卸作业

（1）条件确认。

① 检定任务完成后，值班人员做好记录。

② 各种作业票办理齐全。

③ 操作人员穿戴合适的劳保用品，并持有相应的操作证。

④ 消防器材准备齐全、完好，整齐摆放在指定位置。

⑤ 各类操作工具、设备专用工具及材料准备齐全、完好，摆放整齐。

（2）作业步骤。

① 流量计检定/校准工作完成后，关闭检定管段前后强制密封阀；打开检定管段上的放空阀，对管段进行放空，观察压力表读数，放空至微正压后关闭放空阀；打开液氮装置出口阀门 BV426、检定支路注氮阀和放空阀，对检定管段进行氮气置换；在检测口处检测甲烷含量，当甲烷含量低于 0.5% 时，3min 以内连续确认，视为置换完成，关闭放空阀；观察压力表示值，压力升至微正压后关闭注氮阀、放空阀。

② 氮气置换完成后拆卸被检流量计。

③ 用短接管代替流量计连接至检定管段。

④ 打开液氮装置出口阀门 BV426、检定支路注氮阀和放空阀，对检定管段进行氮气置换；在检测点检测氧气含量，当氧气含量低于 2% 时，3min 以内连续确认，视为置换完成。

⑤ 在置换过程中，需要对法兰连接处进行检漏。

6. 流量计计量检定软件使用

（1）数据采集服务。

1）数据采集服务配置。数据采集服务主要是针对服务的操作和网络配置，支持中英文切换。

2）数据采集关键点说明。

① 检定时间间隔：0.5s。

② 压力采集时间间隔：0.5s。

③ 色谱采集时间间隔：180s。

④ 与 DCS 通信时间间隔：1s。

⑤ 每次采集完成后，将会对原始采集数据进行保存，包括原始采集数据、修正后的采集数据、修正后转换后的采集数据。

⑥ 服务启动后，将会持续 DCS 连接。

⑦ 与检定相关的采集进程由检定系统控制何时进行采集。

（2）检定系统网络配置。检定系统网络配置功能也是系统第一次运行之前需要进行的必要配置，配置成功后方可进行检定系统的其他相关操作，因为检定系统依托于采集服务器及数据服务器。

（3）网络状态。在系统的右下角部分显示网络连接状态，每 5s 检测一次，为绿色背影时表示通信正常；当为红色时，表示通信存在问题。但这并不是说明问题很严重，因为系统采集双网冗余，当其中一条出现问题时，系统就将给出提示，此时需要人工检测问题是否确实存在，排除隐患。

（4）语言切换。系统默认读取操作系统语言环境，也可自由修改，在登录之前，可先选择语言。

（5）用户与权限。系统内置管理员账号 Admin，只有 Admin 才有权限操作用户和权限管理。Admin 登录系统后，从主菜单中选择用户和权限管理功能进入维护界面。

系统内置三个权限，分别是：高级权限，中级权限，低级权限。不同权限用户，所能操作的功能也会有所不同，权限级别越高，拥有的功能就越多。

用户管理分为：增加用户信息，修改用户信息，用户使能设置。Admin 为内置，不可修改，但可修改密码。

（6）密码修改。密码修改需要先登录系统，普通用户修改密码可通过点击系统界面的登录用户显示的部分修改用户密码。

如果普通用户忘记密码，可由系统内置超级管理员找回密码，和普通用户一样进行操作，只是在用户名部分可以选择账户进行操作。所以当密码丢失时，需要联系系统管理员。

注：默认密码与用户名相同。

（7）用户登录。使用有效的用户名和密码可成功登录到系统，想要操作系统首先需要登录。每次登录后，在下次登录的时候，都会保留最后一次登录的用户名，方便登录人员的操作。

（8）管路配置。管路配置功能由主菜单->基础参数设置->管路设置进入，检定前必须进行管路配置，才可开始检定，采集图形方式进行配置，点击需要配置的部分，即可进行配置。共分为四个区域的设置：

① 传递管路设置；

② 标准管路设置；

③ 被检管路设置；

④ 移动检定车设置。

（9）设备不确定度设置。设备不确定度应用于证书或报告中。

（10）稳定性参数设置。每次修改后，将直接发指令到采集系统执行操作员做出的操作。

（11）色谱设置。每次修改后，将直接发指令到采集系统执行操作员做出的操作。

（12）检定任务。检定软件可以处理 5 种类型的检定任务：

被检台位，此时被检定/校准的流量计安装在检定台位处，检定台位处可以安装两台相同类型的流量计同时进行检定校准。

移动检定车，此时被检定/校准的对象为移动检定车，移动检定车将其标准器和核查表信号接至移动检定车接线箱作为被检定/校准的对象。

小流量标准台位，此时小流量标准管路的任意一个管路的标准涡轮和核查超声作为被检定/校准的对象，接受用传递标准的检定/校准。

大流量标准台位，此时大流量标准管路的任意一个管路的标准涡轮和核查超声作为被检定/校准的对象，接受用小流量标准的检定/校准。

历史检定任务，此时从数据库中加载已经存在的检定任务。

1）任务编号。

任务编号是在系统中的唯一任务标识符，系统内部生成编号规则：T 前缀+任务类型编号+年月日+三位流水。

2）检定前准备。

① 选择任务类型；

② 安装流量计。

3）检定任务安排。检定任务安排中需要完成流量点的设置，检定方式选择，每个流量点的管路组合方式等。系统默认给出推荐的流量点及管路组合，但需要操作员确认后，才可以继续下一步操作。

① 基础设置。基础设置包括检定方式的选择和信号类型的配置（仅当被检表为 458 信号类型时）。

② 流量点操作。流量点的操作分为：推荐流量点，增加流量点，删除流量点，修改流量点。

③ 选择核验点。检定完成后，如需要检验流量点，勾选检验点复选框即可。所有配置工作完成后，即可进入到开始检定。

4）开始检定。开始检定界面由三部分组成，分别是：标准表采集数据显示区，检定任务信息及操作区，实时趋势图显示区。

① 标准表采集数据显示区。标准表采集数据显示区中，可以直观查看标准表采集上来的数据，更新时间为 1.5s。

② 检定操作区。检定操作区显示有被检管路图，任务信息，环境信息，流量信息，稳定性信息，检定点的管路组合，检定点信息，以及检定、趋势图、检定数据、出具证书功能按键。

③ 实时趋势图。实时趋势图将当前检定数据可视化给操作员，可以通过图形上的一些参数调整，调整为合适于查看的图像。

5）历史证书或报告。可以通过查询条件检索操作人员需要的信息，可以对证书导出和删除。

6）任务切换。任务切换功能应用于需要将当前检定任务切换到其他任务。

7）使用键盘值。可用于输入键盘值来模拟温变压变。

五、检维修要点和常见故障处理

1. 常见故障及处理

工作标准装置常见故障及处理方法见表3-7。

表3-7　工作标准装置常见故障及处理方法

序号	故障现象	可能原因	处理方法
1	流量计无显示	供电不正常	检查流量计24V直流供电是否正常
		表头损坏	在供电正常情况下，断开电源1min后重新上电，若还无显示，表头可能损坏，更换表头即可
		芯片松动	打开表壳前盖，重新安装电路板中间6-1芯片
2	流量计显示不完整，有断码	液晶屏损坏	断电1min后重新上电，若显示还是不正常，液晶屏可能损坏，更换液晶屏即可
3	流量计无流量显示	管道内无气体通过	检查上下游阀门是否开启，管道内是否有流体
		管道内通过气体流量太小	检查管道内通过气体流量大小，增加气体流量
		叶轮卡死，无法工作	将表体从管道上拆下，观察并轻轻拨动叶轮，如发现硬物卡住叶轮，马上清理干净
		表头损坏	将表头拧下，在通电的情况下，用磁头螺丝刀在底部断面快速滑动，观察是否有流量显示，如果没有流量显示，表头可能损坏
		内部参数设置错误	按照说明书，检查表头内部参数设置
4	流量显示值与实际有偏差	仪表系数设定不正确	重新设定流量计的仪表系数
		不在流量计流量范围内	超量程使用流量计可能导致流量计量不准确
		叶轮处缠绕异物，不能正常工作	清除缠绕在叶轮上的异物
5	输出电流值与实际流量不符	上位机设定流量计量范围不正确	重新设定上位机的流量计量范围
		流量超出计量上限	降低管道内气体流量或更换流量计
		一个电源给多台流量计供电时出现串流现象	打开表壳后盖，可以看到接线端子旁有一个拨码开关，将之置于OFF处，避免串流现象

续表

序号	故障现象	可能原因	处理方法
6	显示屏显示流量为零,输出电流高于20mA	内部参数设置错误	重新设定仪表相关参数
		电路板损坏	打开表壳前盖,观察电路板状态。如进水或发现烧毁迹象,说明电路板已损坏,更换电路板即可
7	流量显示不稳定	供电电源不稳定	检查24V直流供电
		24V供电电源与220V等强电铺设在一起	24V直流电属于弱电,尽量不要与220V、380V等强电一起铺设
		设备接地不良好	现场设备应有良好接地,不能带电,否则影响设备正常工作
		前后直管段不足	应至少保证流量计前有5D,后有2D的直管段

2. 维护保养

(1)流量计不宜用在频繁中断或有强烈脉动流、压力波动的场合。

(2)定期对流量计进行清洗,在气质良好的情况下,应每半年对流量计进行清洗维护一次,保证涡轮的正常运转;在气质较差的情况下,应每月对流量计进行清洗维护一次,保证涡轮的正常运转。

(3)为保证流量计量的准确性和法制性,应每两年对流量计进行检定校验一次,检定合格后方可使用。

(4)保持过滤器畅通。过滤器若被杂质堵塞,可以从安装在过滤器入口、出口处的差压变送器的压差值来判断,出现堵塞及时排除。若压差值大于0.1MPa,应清洗或更换滤芯。

(5)当管路杂质较多,导致流量计涡轮运转失常时应清洗管路,将流量计涡轮拆除后用轻质高标号汽油彻底清洗后重新安装。

(6)定期检查流量计的接地性,确保仪表接地良好。每月测量仪表的接地电阻,若接地电阻值大于4Ω,证明接地不良,应重新接地。

六、注意事项

(1)在启用流量计前,应对前后管段进行吹扫干净后,方可使用流量计。

(2)在启用流量计前,应按照检定证书上的值设定流量计的仪表系数。

(3)为提高流量计计量的准确性,安装流量计时,应保证流量计上游有不小于10倍D的直管段,下游不小于5倍D的直管段。

(4)启用流量计时,应缓慢开启流量计上下游阀门,加载于流量计的压力变化应不大于35kPa/s。如现场不能测量压力变化,则监视流量计流量不能超限。

（5）流量计使用时，应保证在计量范围内工作，不要超量程范围工作。

（6）在日常使用过程中，严禁更改流量计的设定值。

（7）用于贸易交接的流量计应每两年对仪表检定一次，检定合格后，方可投入使用。

第六节　移动式天然气计量标准装置

一、工艺流程

移动式天然气计量标准装置(以下简称移动标准装置)采用标准表法流量测量原理，在检定过程中，把移动标准装置运输到天然气计量站内，与天然气计量站内的计量系统串联安装，通过工艺管线切换，对计量系统(计量橇)上的各路天然气流量计进行在线实流检定。检定过程中，将标准涡轮流量计与被检流量计所测量的标准流量值相比较，经压力、温度、组分换算，计算得到被检流量计的流量测量误差。移动标准装置主要用于对天然气计量站内的天然气流量计进行在线实流检定或配合检定台位工艺流程开展离线实流检定。

根据检定工况流量($20 \sim 8000 m^3/h$)，选用 3 台不同口径的涡轮流量计并联组合组成工作标准，选用 1 台 DN300 超声流量计作为核查标准，外加调节阀、强制密封阀、平衡阀、整流器、直管段和汇气管等设备，组成 1 台超声流量计与 3 台并联的涡轮流量计相串联的工艺流程。天然气先从 DN300 入口流经整流器、直管段、超声流量计进行总量核查，通过汇气管、强制密封阀、整流器、直管段，再流经其中的一路涡轮流量计进行流量计量，最后经流量调节阀后流出 DN300 出口。根据流量大小，选用不同口径的涡轮流量计，检定时 3 台并联的涡轮流量计只使用 1 路，用电动球阀进行流程切换。移动标准装置的工艺流程如图 3-9 所示。

二、设备组成

移动式天然气计量标准装置主要由标准涡轮流量计(工作标准)、超声流量计(核查标准)、温度变送器、压力变送器、在线气相色谱分析仪、控制系统等组成，整套天然气计量标准装置被固定安装在一台专用箱式载重卡车上使用。

1. 标准涡轮流量计

武汉分站的移动式天然气计量标准装置选用 3 台不同口径的高准确度涡轮流量计并联作为标准表使用，是移动标准装置的核心部分。移动标准装置中涡轮流量计的主要技术指标见表 3-8。

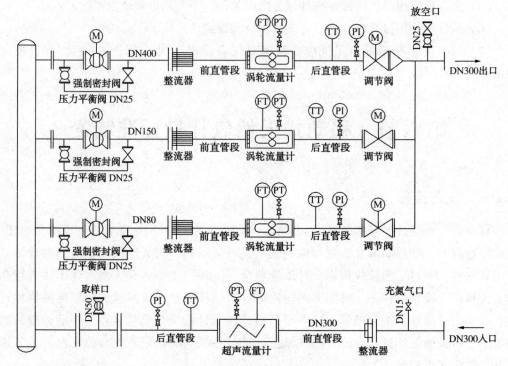

图 3-9　移动标准装置工艺流程

表 3-8　移动标准涡轮流量计的技术指标

公称直径	系列号	流量范围/(m³/h)	量程比	流量测量准确度/%	重复性/%
DN400	G6500	1000~10000		$q_t \sim q_{max}$ 应为±0.20；	
DN150	G650	100~1000	1:10		0.05
DN80	G100	16~160		$q_{min} \sim q_t$ 应为±0.40	

（1）主要技术指标。

① 检定工作压力小于：10MPa；

② 准确度等级优于：0.20；

③ 重复性优于：0.05%；

④ 其他要求：

a. 应具备国家技术监督部门颁发的计量器具型式批准证书；

b. 计量性能符合有关国际标准的技术要求；

c. 叶轮的滑动轴承硬度和强度以及叶片强度应达到标准，采用自润滑轴承，不带加油泵；

d. 配有 2 个高频脉冲发生器及表头计数器；

e. 不配置流量计算机，而是将高频脉冲直接送入到控制系统中；

　　f. 设置内置整流器，来消除涡流、不对称流和缩短前、后直管段的长度，前直管段长度为 3D，后直管段长度为 2D，在前直管段入口处安装夹持式 19 管束整流器；

　　g. 压力变送器的取压孔安装在流量计壳体上，温度变送器的取温孔可安装在流量计壳体上或直管段下游 2D~5D 处；

　　h. 连接形式为 CLASS600RF 突面法兰（10MPa），法兰采用的标准为 ASME/ANSI B16.5。

　　（2）加工制造要求。叶轮和轴承等是涡轮流量计的核心部件，其尺寸、公差和粗糙度等是加工过程中的重要指标，所以要求生产厂家按照有关规定做好涡轮流量计的加工、组装，确保公差配合符合要求，并完成厂内测试和优选。

　　（3）出厂检定要求。在出厂前，标准涡轮流量计应在以常压空气为介质的流量标准装置上进行检定，测试其流量示值误差和重复性是否满足要求。检定过程中应在全量程范围内，均匀选择 10 个流量点，每个流量点至少重复检定 6 次。

　　（4）实流检定要求。当标准涡轮流量计完成安装调试后，要求移动标准装置应在国外具有检定资质的高压天然气流量标准装置（例如德国 PIGSAR）上进行整车单表检定，并获得检定证书。

　　检定要求：在两个压力点（建议在 16~25bar 和 26~50bar 选择 2 个压力点）下，分别对每台涡轮流量计进行实流检定。即在全量程范围内，均匀选择 10 个流量点，每个流量点至少重复检定 6 次，测试其流量示值误差和重复性是否满足要求。

　　（5）检定时不同流量点的设置。本工作标准是由 3 条并联的高准确度涡轮流量计（标准器）管路组成，检定时通过打开和切断不同的流量计管路，可实现对被检流量计进行全量程范围内连续检定。

　　本标准装置的流量测量范围为 20~8000m^3/h，针对不同的测量范围，选用不同口径的涡轮流量计。对于一些测量范围广，并且量程比大的大口径流量计，可以将其测量范围分段，选取对应的标准器开展检定工作。具体检定设置方法为：

　　当检定流量在 20~160m^3/h 时，只需打开 DN80 涡轮流量计管路。

　　当检定流量在 160~1000m^3/h 时，可打开一路 DN150 涡轮流量计管路。

　　当检定流量在 1000~8000m^3/h 时，可打开 DN400 涡轮流量计管路。

2. 核查标准超声流量计

　　为防止工作标准涡轮流量计在运输过程中由于颠簸振动等因素影响涡轮流量计的准确度，工作标准涡轮流量计上游处串联安装 1 台 DN300 超声流量计，用超声流量计对涡轮流量计进行总量在线实时核查，以降低流量测量系统的不确定度，保证涡轮流量计在整个检定过程中，流量测量值的准确可靠。主要指标为：

　　（1）检定工作压力小于：10MPa；

　　（2）检定工况流量：90~8000m^3/h；

（3）准确度等级（示值误差）优于：0.25 级；

（4）重复性优于：0.05%；

（5）应具备国家技术监督部门颁发的计量器具型式批准证书；

（6）计量性能符合有关国际标准的技术要求；

（7）选用不低于 5 声道、具有多反射声道的超声流量计；

（8）在前直管段入口处安装夹持式板孔整流器，前直管段长度 10D，后直管段长度 5D；

（9）具有识别介质流动形态和抗噪声的功能（有 CMB 抑噪技术）；

（10）超声流量计带有自核查功能；

（11）应具备声速核查所需的各项功能；

（12）输出信号为 0~10kHz 脉冲信号；

（13）不需要配套流量计算机，而是将高频脉冲直接送入到控制系统中；

（14）温度变送器安装在下游 2D~5D 处，压力变送器安装在流量计壳体上；

（15）供电电压为 24VDC；

（16）流量计长度为公称口径的 3 倍；

（17）连接形式为 CLASS600 12″RF 突面法兰（10MPa、DN300）；

（18）出厂检定和实流检定要求与工作标准涡轮流量计相同。即应到国外具有检定资质的高压天然气流量标准装置（例如德国 PIGSAR）上进行整车单表检定，并获得检定证书。

3. 整流器和直管段

为了保证管道内流体的流态达到充分发展状态，涡轮流量计和超声流量计都分别设置前、后直管段，整流器安装在前直管段的入口。直管段的内径与流量计的内径应相同，直管段的内壁应进行加工，粗糙度（内表面粗糙度应优于 $Ra = 3.2\mu m$）、直线度和圆度都应达到有关要求，最好进行化学镀镍处理。

整流器的种类和直管段的长度由流量计供货商确定。

整流器采用内置夹持式，被前后法兰夹紧固定。

直管段的连接形式为 CLASS600 RF 突面法兰（10MPa），法兰采用的标准为 ASME/ANSI B16.5。

4. 压力和温度测量仪表

（1）对标准涡轮流量计和核查标准超声流量计压力和温度测量仪表要求。为了对标准涡轮流量计和核查标准超声流量计处的天然气流动介质的压力和温度进行准确可靠测量和监测，以便进行天然气的工况流量向标况流量的计算转换，应选用性能稳定、准确度高的压力变送器和温度变送器进行压力和温度测量。

压力（差压）测量采用电容原理压力（差压）变送器，选用 ROSEMOUNT 3051S 智能型绝压变送器，最大允许误差应低于±0.04%，输出信号为4~20mA，基于HART通信协议的数字信号，二线制，供电电源应为24VDC，并配套提供压力（差压）变送器的一体化阀组。

温度测量采用Pt100热电阻温度变送器，选用ROSEMOUNT 3144P智能型温度变送器，最大允许误差应低于±0.1℃，输出信号为4~20mA，基于HART通信协议的数字信号，二线制，供电电源应为24VDC，并配套A级铂电阻温度传感器（Pt100，$\alpha = 0.00387$）、传感器保护套管等，组合在一起成套供货。

温度变送器和压力变送器应在具有资质的检定机构进行检定，并获得检定证书。

温度变送器的取温和安装形式及压力变送器的取压和安装形式应符合相关要求。如果温度变送器安装在直管段上，应配焊接式外保护套管焊接在后直管段上。

（2）对检定现场流量计所配置的压力和温度测量仪表要求。在移动标准装置上自带的一套温度变送器和压力变送器，当现场检定时，把现场流量计处的温度变送器和压力变送器拆卸下来，再把移动标准装置上自带的一套温度变送器和压力变送器安装上，以便对现场流量计进行检定。

要求该套温度变送器和压力变送器有两路输出，一路给移动标准装置用于检定现场流量计，另一路给现场计量站中的控制系统，用于检定阶段的外输气计量。

（3）对使用现场流量计处的温度和压力变送器检定现场流量计的要求。每次检定前，应使用检定温度变送器和压力变送器的便携设备对其进行现场在线核验，确保温度变送器和压力变送器的测量准确性。

当温度压力变送器完成现场核验后，就可使用移动标准装置对现场流量计进行实流检定了。同样，也要求该温度变送器和压力变送器有两路输出，一路给用于外输气计量的计量站的控制系统，另一路给移动标准装置。

在现场实流检定时，应把温度变送器和压力变送器的输出信号通过信号电缆接入到移动标准装置上自带的防爆接线箱内，防爆接线箱的另一端信号电缆已与移动标准装置的控制系统相连。

5. 组分测量设备

为了对天然气的组分进行测量，在工艺管线的入口处安装了1套在线气相色谱分析仪，用于在线分析测量天然气的组成，从而计算出管输天然气的密度、相对密度、高位发热量、低位发热量和压缩因子（依据AGA-8），以保证流量测量的准确可靠。主要要求如下：

（1）所选用的在线气相色谱分析仪应能自动、连续地分析出管道中天然气的组分，并将其分析结果传送至上位计算机控制系统中。

（2）在线气相色谱分析仪的检测器应具有较高的灵敏度，能够自动检测出天然气的全部主要组分信息，对于天然气应至少能分别独立检出$C_1^+ \sim C_9^+$的组分以及N_2和

CO_2 等其他组分。

（3）在线气相色谱分析仪还应包括：取样、样气预热及处理系统，检测分析系统，计算、显示及信号传输系统。其至少有两套色谱柱系统。色谱柱应是易于更换的标准产品；采用色谱柱自动切换，反吹和加热的技术，以延长色谱柱使用寿命。

（4）具有故障报警功能。当发生故障时，能及时报警并提示故障信息。

（5）在设定的时间间隔自动通入标准气体进行标定的自检功能。

（6）在满足在线气相色谱分析仪技术要求的前提下，应优先选用价格适宜、易于购买的气体作为载气。

（7）主要指标如下：

① 分析输出：所有天然气的组分；

② 分析周期：C_6^+分析 3min、C_9^+分析 5min；

③ 准确度优于：0.2%；

④ 重复性优于：0.05%；

⑤ 防爆等级不低于：Exd II BT4；

⑥ 防护等级优于：IP65；

⑦ 在线气相色谱分析仪应安装在汇气管之上；

⑧ 到有资质的检定机构进行校准测试，并获得校准证书。

6. 流量调节阀

为保证流量计在全量程范围内进行检定，应选用性能稳定、调节精度高的轴流式调节阀。轴流式调节阀的结构为轴流活塞笼套式，可使介质以轴向对称方式进行流动，有很好的稳压和稳流作用，流通能力大，噪声低。轴流式调节阀的电动执行机构的输出信号是 4~20mA，其调节精度可达±1%。经计算每台轴流式调节阀的技术指标见表 3-9。

表 3-9 流量调节阀主要技术指标

口径	工况流量范围/(m^3/h)	数量/台	参考长度/mm	参考质量/kg
3in(DN80)	0~160	1	358	55+40
6in(DN150)	0~1000	1	561	155+40
16in(DN400)	0~8000	1	992	970+85

在使用中，流量调节阀是一对一地调节，即使用哪一路的流量计就使用哪一路的调节阀，分三种情况：

（1）当需要检定的工况流量小于 160m^3/h 时，打开 DN80 的调节阀，关闭其他两路调节阀；

（2）当需要检定的工况流量范围在 160~1000m^3/h 时，打开 DN150 的调节阀，关闭其他 2 路调节阀；

（3）当需要检定的工况流量大于 $1000m^3/h$ 时，打开 DN400 的调节阀，关闭其他两路调节阀。

调节阀的连接形式为 CLASS600 RF 突面法兰（10MPa），法兰采用的标准为 ASME/ANSI B16.5。

7. 阀门的选用

（1）强制密封球阀。流量计测量管路是由 3 条并联安装的管路组成，在检定中不是所有管路都在使用，不使用的管路需要把阀门关断。为了保证计量检定的准确性，需要关断的阀门不允许有任何内、外泄漏。在每台标准涡轮流量计的上游安装了一台强制密封阀，其技术指标见表 3-10。

表 3-10　强制密封球阀主要指标指标

序号	口径	数量/台	长度/mm	质量/kg
1	3in（DN80）	1	358	55+40
2	6in（DN150）	1	561	155+40
3	16in（DN400）	1	992	970+85

在每条涡轮流量计测量管路中，只使用 1 台提升杆式、阀座无磨损、主动机械密封、零内漏、无外漏、可靠性高、寿命长、易维护的密封性能好的强制密封球阀，确保阀门关闭时管路真正地密封。主要技术要求为：

① 应满足单向零泄漏（应符合标准 CLASS VI）及开关无摩擦要求。

② 阀体应有检漏口。

③ 用圆形全通径通道。

④ 阀体和球体应采用 ASTM A216 WCC 或更优材料，参与密封的球体表面应堆焊镍基硬质合金。

⑤ 所有阀门均应为防火安全型。

⑥ 配套电动执行机构，具有手轮操作和电动执行机构操作两种操作方式；电动执行机构的扭矩应具有 1.25 倍的安全系数，防爆和防护等级不低于 EExdIIBT4 和 IP65。应具备阀全开到位、阀全关到位、阀门正在开、阀门正在关、就地和远控操作、故障自诊断和报警功能。

（2）压力平衡阀。对于每台涡轮流量计测量管路（DN80、DN150、DN400），在上游安装的强制密封球阀处应并联设置 DN25 小口径的压力平衡旁通管路，以防止高压、超速气流损坏叶轮。

压力平衡阀应由 DN25 手动球阀和 DN25 手动天然气节流截止阀组成。

（3）放空阀和管线。在工艺管线的出口处应设置一个 DN50 的短接及阀门，以便将工艺系统内的天然气余气和氮气进行放空。放空阀应由 DN50 手动球阀和 DN50 手动天然气放空阀组成。

上述 3 种阀门的连接形式均为 CLASS600 RF 突面法兰(10MPa),法兰采用的标准为 ASME/ANSI B16.5。

(4)氮气吹扫管线接口。为了便于使用氮气将工艺系统内的天然气余气进行吹扫,在工艺管线的入口处应设置一个 DN15 的短接及内螺纹截止阀,以便与氮气软管进行连接。

三、技术指标

武汉分站移动式天然气计量标准装置的主要技术指标如下:

(1)工作压力范围:2.5~10.0MPa。

(2)流量测量范围:20~8000m³/h。

(3)测量结果的不确定度:$U=0.33\%(k=2)$。

(4)测量重复性优于:0.07%。

(5)检定流量计口径:DN50~DN300。

四、操作程序

1. 变送器仪表安装

将载有温度变送器和压力变送器的小推车推到现场,准备与被检流量计计量系统相连。

(1)被检流量计是涡轮流量计。

① 机械连接。

a. 用取压管将压力变送器与表体取压口连接。

b. 在流量计后直管段上 $3D$~$5D$ 处安装温度变送器。

② 电气连接。

a. 用电缆 I-PIT-01(蓝色)连接压力变送器至 JB-05。

b. 用电缆 I-TIT-01(黑色)连接温度变送器至 JB-05。

c. 用电缆 I-FT-01-STB 连接流量计至小推车 JB-MUT-TB 脉冲信号采集端。

d. 用 I-SIG-FT-40 将小推车与标定车信号箱连接。

(2)被检流量计是超声波流量计。

① 机械连接。

a. 用取压管将压力变送器与表体取压口连接。

b. 在流量计后直管段上 $3D$~$5D$ 处安装温度变送器。

② 电气连接。

a. 用电缆 I-PIT-01(蓝色)连接压力变送器至 JB-05。

b. 用电缆 I-TIT-01(黑色)连接温度变送器至 JB-05。

c. 用电缆 I-FT-01-SUS 连接流量计至小推车 JB-MUT-US 脉冲信号采集端。

d. 用电缆 I-PWR-FT-01(红色)将 24V 电源连接至小推车上 JB-MUT-US 处。

2. 电子设备启动

(1)将 380VAC 的电源与移动标准车连接。

(2)启动系统。启动系统需要闭合表 3-11 中的开关。

表 3-11　启动系统要闭合的开关

开关号	功能描述
10Q0	380VAC 电源
10F0	总保险闸
10Q2	380VAC/24VDC 直流电源
10F3	24VDC 控制回路保险总闸
30S1	重启气体探测器
10Q5	F211 电动执行机构
10Q7	F221 电动执行机构
11Q1	F231 电动执行机构
11Q3	F215 电动调节阀
11Q5	F225 电动调节阀
11Q7	F235 电动调节阀
12Q1	380VAC/230VAC 交流电源
12F1	230VAC 电源
12F2	230VAC 控制回路
12Q4	380VAC/24VDC 直流电源
12F5	24VDC 直流电源
12F6	24VDC 控制回路保险总闸
15F1	机柜风扇
15F2	照明/插座
15F3	上位机
15F4	显示器
15F5	多口插线板
16F1	电磁阀 EV-01
16F2	电磁阀 EV-02
16F3	电磁阀 EV-03
16F4	电磁阀 EV-04
16F6	检定区照明
16F8	控制室照明
17F1	样气加热+检定气体电伴热
17F2	气体探测仪电源

续表

开关号	功能描述
17F3	PLC
20F1	以太网交换机
20F2	MTL8000
20F3	Encal300(在闭合20F3空开前,必须先打开载气并且将自动调节阀出口压力设置到5.5bar)
20F4	保险丝
20F5	采样器

3. ISS^plus软件使用

(1)登陆ISS^plus软件。供电正常后,开启控制室内上位机,在上位机启动以后,系统自动运行ISS^plus软件,点击顶栏的"USER",输入密码,并且点login登录,也可以点击logout退出。如图3-10所示。

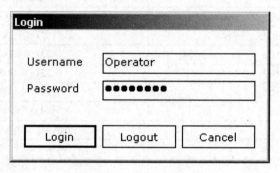

图3-10 系统启动屏幕

三种不同级别的用户和密码见表3-12。

表3-12 用户和密码

User用户	Password密码
Not logged in	—
Operator操作员	Operator
Engineer工程师	Engineer
Admin管理者	Admin

如果控制系统检定软件因异常或人为因素关闭,除了将上位机重新启动外,也可以通过双击桌面检定系统图标的方法重新开启ISS检定软件。

(2)通信状态检查。点击"System Overview"查看系统通信状态,在确认所有报警以后,所有的通信都应该显示绿线。如图3-11所示。

通过点击此界面的流量计、压力或温度传感器图标,将进入设备明细界面,此时将允许操作者设置所选设备[详见"(5)参数检查"]。

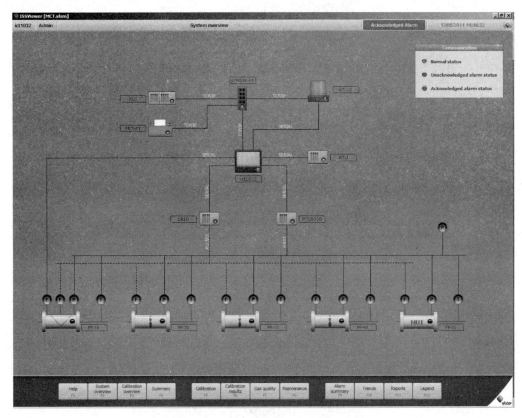

图 3-11　系统通信状态图

（3）阀门设置。如果选择自动模式检定流量计，应确保装置所有管线内的压力处于平衡状态后，将所有的执行机构都设置到 Remote 状态，在控制界面上点击任意一个阀门操作面板，将阀门操作模式设置为"By PLC"，如图 3-12 所示。

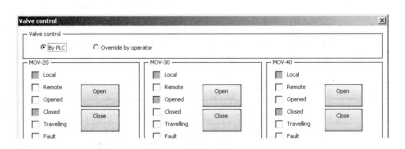

图 3-12　阀门设置屏幕

（4）启动气相色谱仪。色谱电源开启并且检测到载气以后，色谱分析仪会自动为色谱柱加压。色谱分析仪仍然处于'idle'模式，需要手动开始分析。在"Gas Quality"界面上打开 RGC 软件用于控制 GC。如图 3-13 所示。

在图 3-14 操作员确认菜单中，键入"demo"点击 OK。

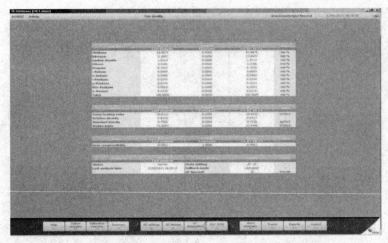

图 3-13　色谱仪操作屏幕

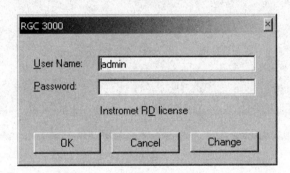

图 3-14　操作员确认菜单

在图 3-15 色谱仪选择菜单中，选择色谱仪。双击窗口中有效的色谱图标，选中的色谱就会进入在线状态。

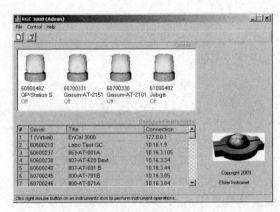

图 3-15　色谱仪选择菜单

按照《ENCAL3000 在线气相色谱分析仪操作维护规程》进行操作。

（5）参数检查。

① 流量计参数检查。所有的流量计、温度和压力变送器都有一个独立的设备数据显示页面，这个页面包含设备的所有特性参数，可以通过点击"System Overview"中的温度、压力变送器或者流量计图标进入。

核查表和标准表修正数据菜单如图 3-16 所示。涡轮流量计曲线如图 3-17 所示。

所有设备参数都已经预输入，在 ISS^{plus} 中所有流量计都有 20bar 和 50bar 下的两条修正曲线。实际检定中可以根据现场压力选择压力最接近的那条修正曲线，也可以点击"no correction curve"不使用修正曲线。

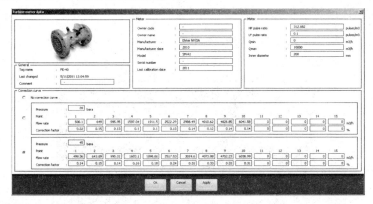

图 3-16　核查表和标准表修正数据菜单

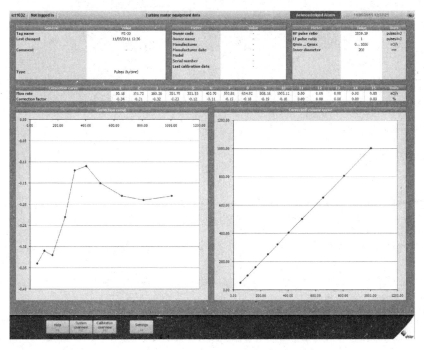

图 3-17　涡轮流量计曲线图

② 选择被检流量计。在"Maintenance"界面上点击<F7>弹出"Mut source selection"，选择被检流量计类型和所用变送器，如图3-18所示。

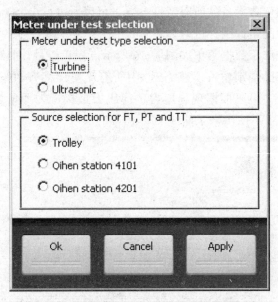

图3-18 被检流量计类型和变送器选择菜单

③ 设置压力与温度变送器修正数据。压力和温度变送器设备参数显示屏幕如图3-19所示。

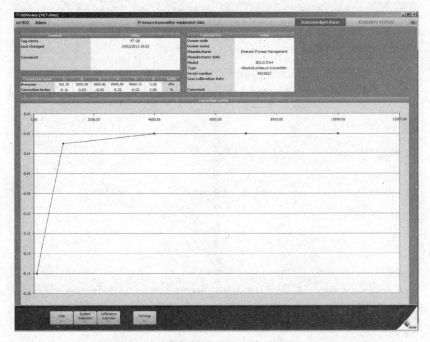

图3-19 压力和温度变送器设备参数显示屏幕

点击<F4>进入压力变送器参数设置屏幕，如图3-20所示。

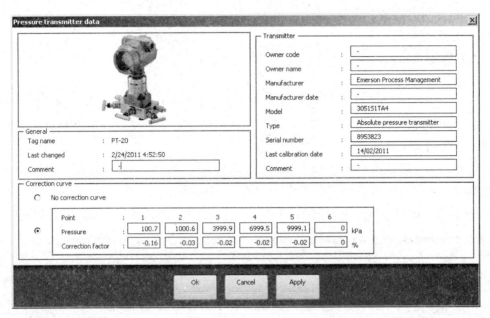

图3-20　压力变送器参数设置屏幕

（6）测量值实时显示。

移动标准检定过程参数实时显示屏幕如图3-21所示。

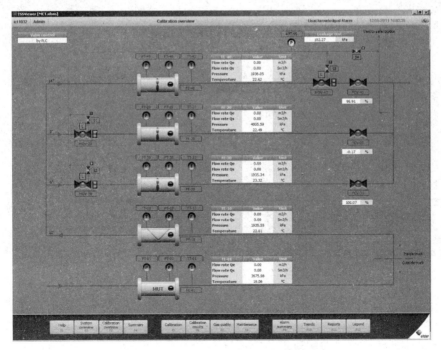

图3-21　检定过程参数实时显示屏幕

① 检查温度和压力变送器的显示位置和示值是否准确。

② 检查阀门的状态是否正确。

绿色表示打开；

红色表示关闭；

黄色表示运动中。

③ 检查流量计的流量值。关闭 3in 和 6in 管路上的开关阀和流量调节阀，打开 16in 管路上的开关阀，缓慢打开调节阀来调节流量至检定所需流量点，检查核查、标准和被检流量计的实时测量值。

注意：调流量期间不要超过涡轮流量计的最大流量，不正确的操作会使涡轮永久性地损坏。

④ 检查气体组分值。进入图 3-22 中的"Gas quality"界面检查气体组分是否正确。

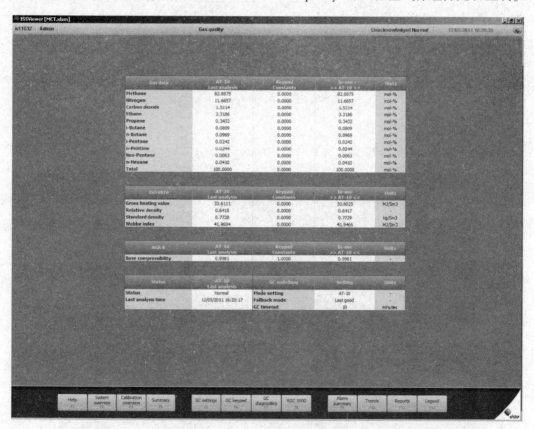

图 3-22　气体组分显示界面

气相色谱分析仪的指示状态应该是"Normal"，在图 3-23 弹出框"GC settings"中"GC mode"应该设置为 AT-10，"Fallback mode"设置为 Last good，并且超时示值设置为 10minutes。确保在用的气质组分值与色谱仪中的一致。

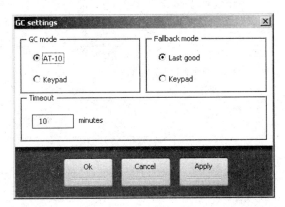

图 3-23　色谱仪设置界面

（7）输入检定参数。在"Calibration"显示界面上点击<F5>打开"Calibration settings"，进入检定参数设置界面，如图 3-24 所示。

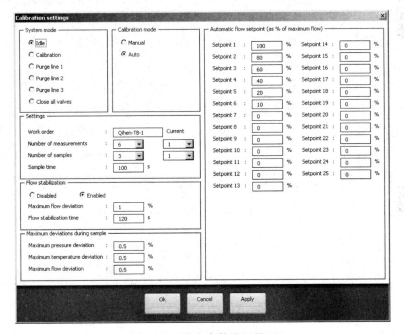

图 3-24　检定参数设置界面

图 3-24 检定参数设置界面中各参数描述及设置见表 3-13。

表 3-13　检定参数描述及设置

参数设置	参数描述
检定模式	检定模式需要设置为自动或者手动
检定秩序	输入一个检定名，在这个检定名下将会存储检定的所有数据，检定秩序由操作员决定，这些参数也会显示在检定证书上

续表

参数设置	参数描述
采样点数	最多可以设置 25 个流量点，可以手动改变设置值后重新采集
采样次数	定义每个检定流量点的采样次数(最多 30 次)
采样时间	定义每次采样时间(最长 300s)
稳流	使用或不使用稳流
最大流量误差	稳流期间最大流量误差
稳流时间	流量稳定时间
最大压力波动值	采样期间最大压力波动值
最大温度波动值	采样期间最大温度波动值
最大流量波动值	采样期间最大流量波动值
设定流量点	输入按被检表最大流量百分比设置的各个检定流量点("5 参数检查"描述被检表参数设置) 如果需要检定 6 个流量点，那么就需要设定 6 个流量点的流量值

（8）测量系统正确性检查。在用装置检定流量计前，还需对测量系统整体运行状态进行检查确认，查看有无影响检定操作的报警信息，如标准器压力、温度、流量信号报警；被检流量计压力、温度、流量信号报警；色谱仪信号报警；装置阀门状态报警；可燃气体浓度超标报警等。

点击〈F9 Alarms Summary〉，则可进入报警信息汇总界面查看所有报警，如图 3-25 所示。如若发现存在红色报警信息，需及时点击报警系统界面中的〈Ack All〉，对所有报警进行确认和处理。如若报警经确认后仍旧反复出现，则还需根据实际报警信息对相关设备进行故障排查，直至所有报警都经确认后不再出现方可进行下一步操作。

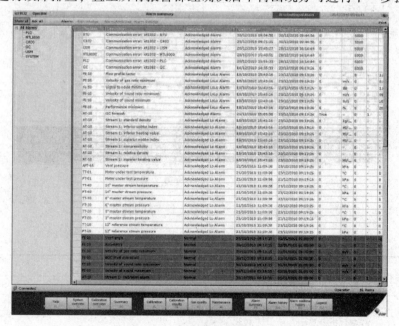

图 3-25　报警信息记录界面

（9）正式检定。正式检定过程中参数显示界面如图 3-26 所示。

Calibration
Start
Set
Valves
Set
Flow
Flow
Stabilization
Record
Samples
Measurement
Completed
Calibration
Completed

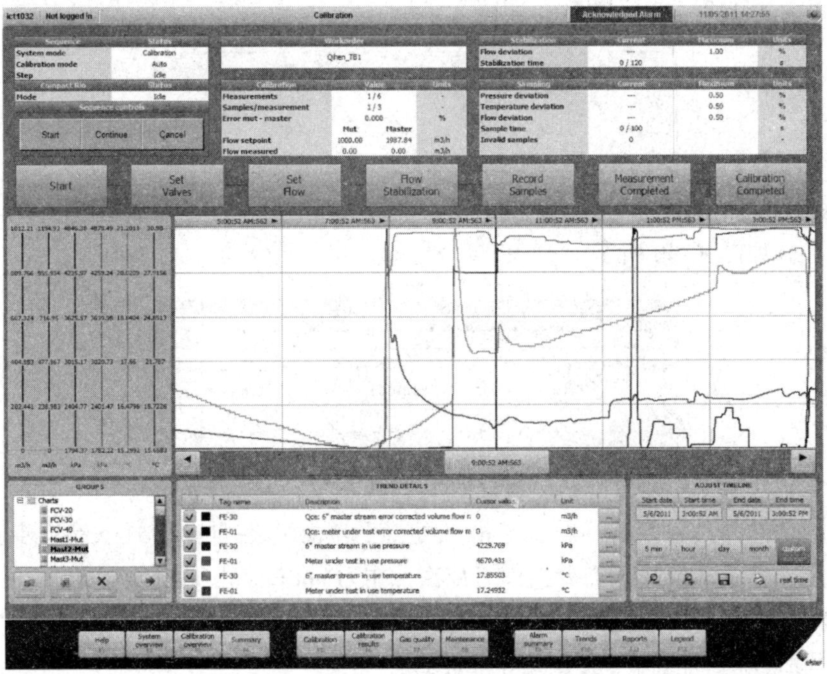

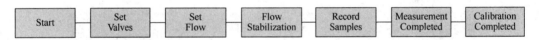

图 3-26　检定过程中参数显示界面

检定按照预定程序依次进行，“Calibration sequence flow chart”详细描述了程序执行的不同步骤，进行到哪一步，这一步的程序框就会由灰色变成蓝色。如图 3-27 所示。

Start
Set
Valves
Set
Flow
Flow
Stabilization
Record
Samples
Measurement
Completed
Calibration
Completed

图 3-27　检定程序流程图

首先需要把“System mode”设置为 Calibration，并且将“Calibration mode”设置为 Auto（或者 Manual）。如图 3-28 所示。

Calibration settings
System mode
Idle
Calibration
Purge line 1
Purge line 2
Purge line 3
Close all valves
Calibration mode
Manual
Auto

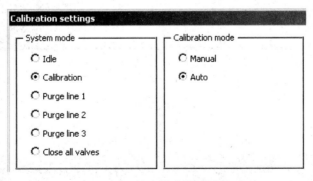

图 3-28　检定模式设置屏幕

在"Calibration"界面显示系统模式为"Calibration"，并且 Calibration 模式是"Auto"或者"Manual"，执行状态为"Idle"。如图 3-29 所示。

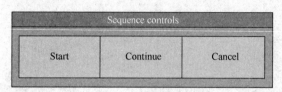

Sequence	Status
System mode	Calibration
Calibration mode	Auto
Step	Idle

图 3-29　检定模式

控制步骤如图 3-30 所示。

Sequence controls		
Start	Continue	Cancel

图 3-30　控制步骤

所有的条件都具备以后，点击 Start 检定流程开始。在自动模式下检定步骤可以自动完成检定；在手动模式下需要操作者依次点击"Continue"按钮完成检定。

任何情况下都可以点击"Cancel"按钮来中止检定过程，这种情况下检定步骤被恢复到 Idle 模式。所有的阀门都会保持原状态。

检定完成后，采样点数和采样次数设定值将会重设到 1，且检定状态将会变为 Idle 模式。此时，阀门仍然保持之前在"Set Flow"中设置的状态。

（10）查看检定结果。检定结果如图 3-31 所示。

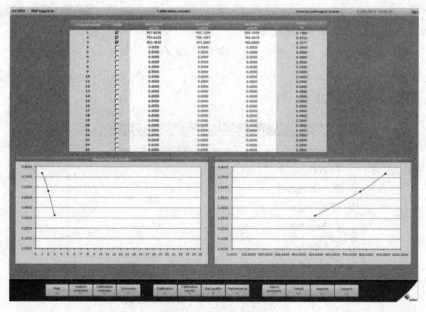

图 3-31　检定结果

在“Calibration results”界面上显示检定结果、设定流量点、标准表流量、被检表流量以及它们之间的误差，误差是多次采样误差的平均值。

各个测量点的相对示值误差显示在测量结果示意图中，被检流量计的相对示值误差也显示在检定误差曲线中。

每一个测量点前都有一个选择框，操作者可以选择该点结果是否出现在检定证书上。没有选上也并没被删除，数据仍然存储在数据库中，操作者可以在任何时候在证书中重新加上该点数据。

（11）检定报告。进入到 Report 界面可以看见显示操作记录（图 3-32）和采集的数据（图 3-33）及检定结果报告（图 3-34）。

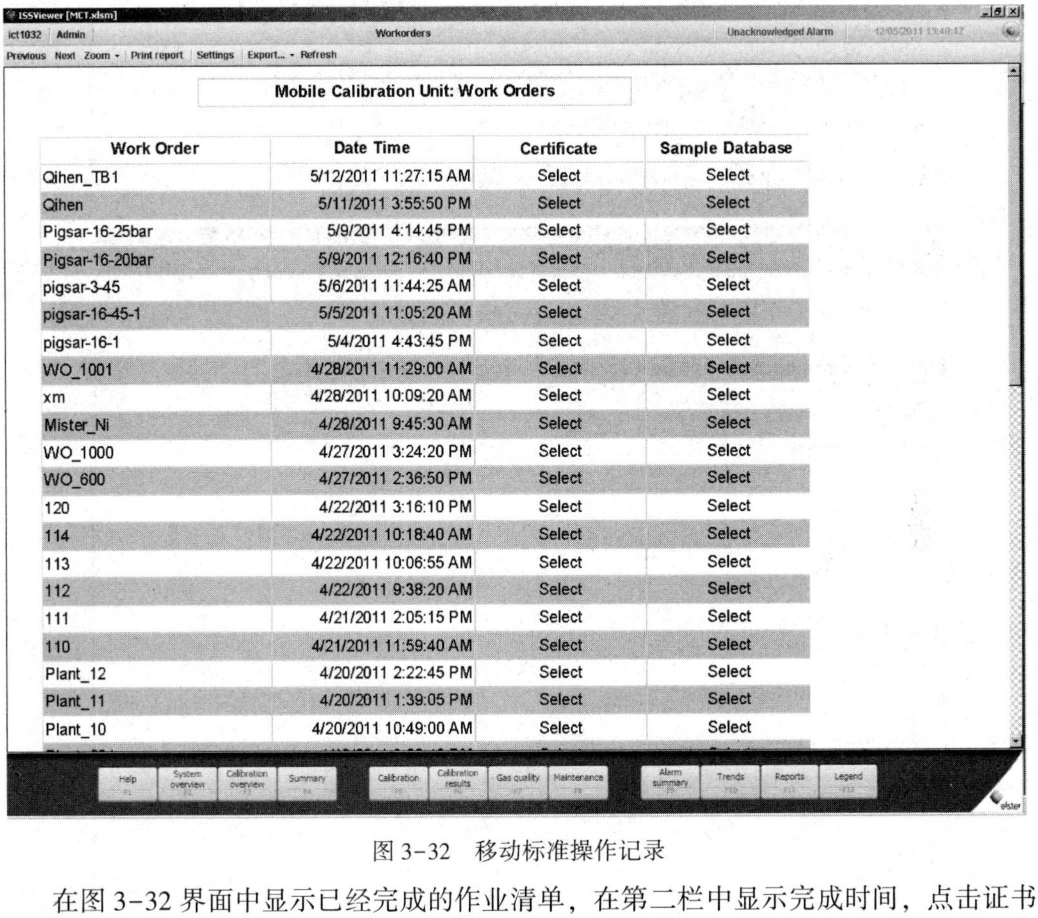

Work Order	Date Time	Certificate	Sample Database
Qihen_TB1	5/12/2011 11:27:15 AM	Select	Select
Qihen	5/11/2011 3:55:50 PM	Select	Select
Pigsar-16-25bar	5/9/2011 4:14:45 PM	Select	Select
Pigsar-16-20bar	5/9/2011 12:16:40 PM	Select	Select
pigsar-3-45	5/6/2011 11:44:25 AM	Select	Select
pigsar-16-45-1	5/5/2011 11:05:20 AM	Select	Select
pigsar-16-1	5/4/2011 4:43:45 PM	Select	Select
WO_1001	4/28/2011 11:29:00 AM	Select	Select
xm	4/28/2011 10:09:20 AM	Select	Select
Mister_Ni	4/28/2011 9:45:30 AM	Select	Select
WO_1000	4/27/2011 3:24:20 PM	Select	Select
WO_600	4/27/2011 2:36:50 PM	Select	Select
120	4/22/2011 3:16:10 PM	Select	Select
114	4/22/2011 10:18:40 AM	Select	Select
113	4/22/2011 10:06:55 AM	Select	Select
112	4/22/2011 9:38:20 AM	Select	Select
111	4/21/2011 2:05:15 PM	Select	Select
110	4/21/2011 11:59:40 AM	Select	Select
Plant_12	4/20/2011 2:22:45 PM	Select	Select
Plant_11	4/20/2011 1:39:05 PM	Select	Select
Plant_10	4/20/2011 10:49:00 AM	Select	Select

图 3-32　移动标准操作记录

在图 3-32 界面中显示已经完成的作业清单，在第二栏中显示完成时间，点击证书栏中的“Select”会显示证书内容，点击采样数据栏的“Select”会显示该次作业的采样数据。

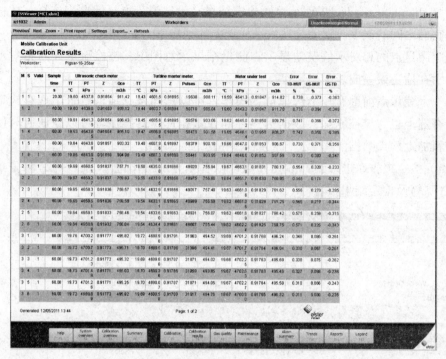

图 3-33　检定过程采集的数据

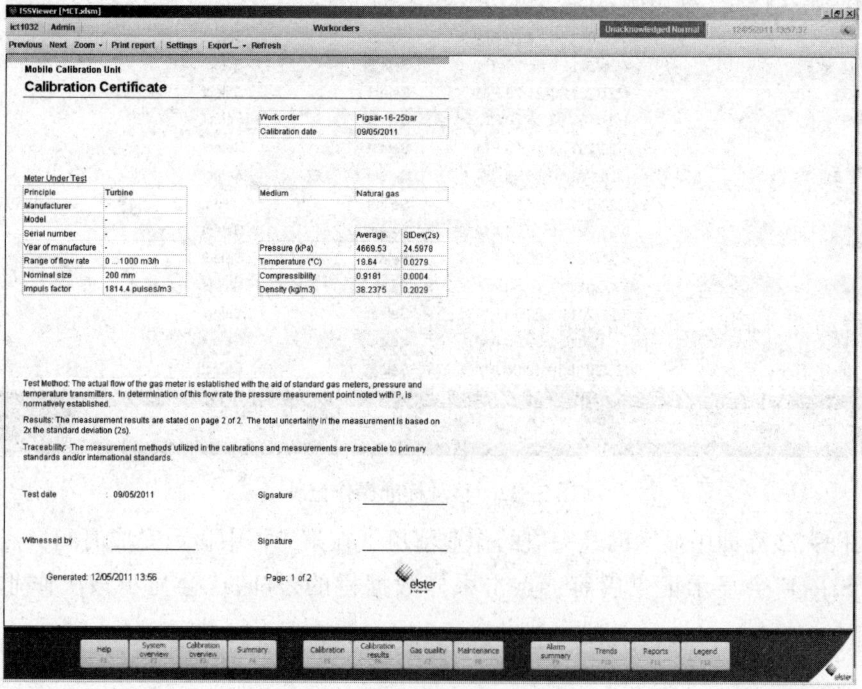

图 3-34　检定证书首页

在证书首页显示一些检定和被检流量计的基本信息，以及温度、压力、压缩系数和密度的平均值和标准差。

在第二页上显示一些检定的基本信息和各点的检定结果，如图 3-35 所示。

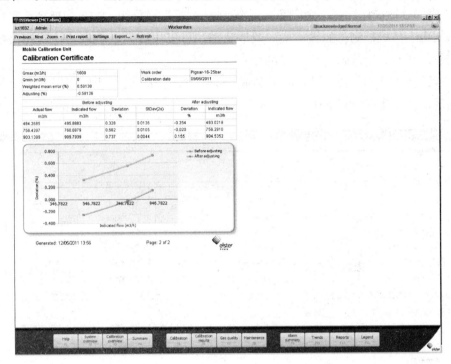

图 3-35　检定证书内页

（12）检定期间阀门操作。每个电动阀门都有远控和就地控制按钮，检定程序在两种状态下都可以运行。

如果检定状态为"Set valves"，需要打开合适的管路，根据不同的设定流量点大小打开 3in，6in 或者 16in 管路中的一路，如果所有的阀门都在远程控制状态，电动执行机构会自动开关阀门。所有的阀门都开关到位，检定程序才会进行到下一步。

在"Set flow"步骤下，流量调节阀开始调节流量，当流量值与设定值的示值误差小于1%，流量控制阀保持不变时，检定程序进入下一个步骤。

在以上两种情况中，阀门都在远程控制状态并且阀门都由 PLC 控制时，"Set valves"和"Set flow"步骤都是自动完成的，这些步骤也可以手动完成。

以下是两种手动控制方式：

① 把阀门状态设置到远程控制状态，并且将阀门控制设置为操作员控制。

② 将所有阀门控制设置为就地控制状态。

在"Set valves"这一步，也可以手动开关阀门来启停需要的管路，等到阀门全部正确开关后，执行顺序才会进行到下一步。

在"Set flow"这一步，也可以手动调节流量到设定流量误差的1%范围内。

一般情况下，检定过程中阀门自动控制或者手动控制结果都一样。

（13）阀门操作。

① 阀门就地操作。每个阀门都有一个就地/远程切换旋钮，如果切换到远程控制状态，阀门由上位机控制；如果切换到就地状态，可以用阀门上自带的控制旋钮控制阀门，控制旋钮有3个状态：开、停和关。

② 阀门远程操作。点击"Calibration overview"画面中任意一个阀门图标，会显示阀门控制屏幕，如图3-36所示。

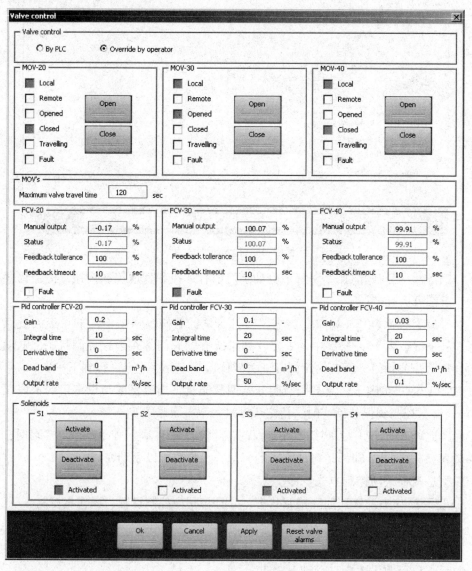

图3-36　阀门控制屏幕

如果选择"override by operator"，操作员可以根据需要控制阀门位置。

（14）电动强制密封阀（MOV）操作。电动强制密封阀操作屏幕如图3-37所示。

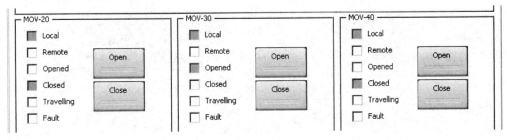

图3-37 电动强制密封阀操作屏幕见

点击"Open"或者"Close"按钮可以打开或者关闭阀门。如果阀门动作时间过长超出最大执行时间设定值或者阀门卡死都会产生阀门报警，此时可以通过点击"reset valve a-larms"取消报警，如图3-38所示。

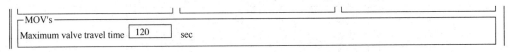

图3-38 阀门行程时间设置屏幕

（15）流量调节阀（FCV）操作。流量调节阀（FCV）操作屏幕如图3-39所示。

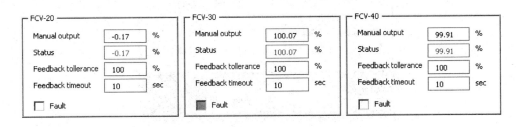

图3-39 流量调节阀操作屏幕

可以手动设定输出百分比从0到100%，阀门速度可以在"output rate"参数中设定：Status−（feedback tollerance）/2<manual output<status+（feedback tollerance）/2，反馈时间超时会产生报警，可以通过点击"reset valve alarms"按钮消除报警。

（16）电磁阀操作。电磁阀操作屏幕如图3-40所示。

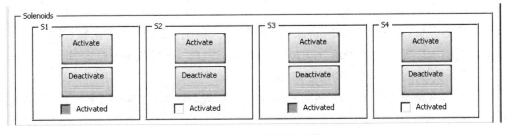

图3-40 电磁阀操作屏幕

点击"Activate"或者"Deactivate"按钮来开、关电磁阀。

（17）齐河站阀门操作。齐河站内阀门操作屏幕如图3-41所示。

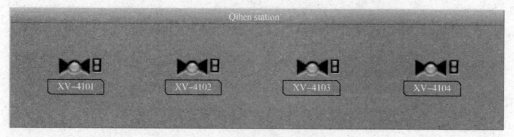

图3-41　齐河站内阀门操作屏幕

上位机具有控制齐河站内的4个阀门的能力，在"Maintenance"界面上任意点击一个阀门图标，弹出阀门控制界面，如图3-42所示。

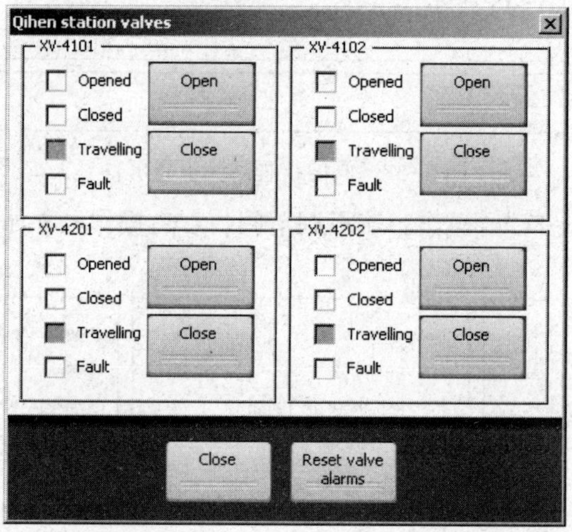

图3-42　齐河站内阀门控制界面

点击"Open"或者"Close"按钮可以打开或者关闭阀门，如果阀门动作时间过长超出最大执行时间设定值或者阀门卡死都会报警，通过点击"reset valve alarms"可以取消报警。

（18）关闭系统。关闭标准装置所有设备后，将控制系统所有电源开关断开，具体操作如下：

① 色谱分析仪断电。关闭 Encal300 供电开关 20F3，色谱仪的供电即切断。

② 关闭采样器、MTL8000、以太网交换机、PLC、样气加热+检定其他电伴热电源。断开开关 20F5、20F2、20F1、17F3、17F1。

③ 关闭电磁阀 EV-01、电磁阀 EV-02、电磁阀 EV-03、电磁阀 EV-04 电源开关16F1、16F2、16F3、16F4。

④ 断开多口插线板、显示器、上位机开关 15F5、15F4、15F3。

⑤ 断开 F211 电动执行机构、F221 电动执行机构、F231 电动执行机构、F215 电动调节阀、F225 电动调节阀、F235 电动调节阀开关 10Q5、10Q7、11Q1、11Q3、11Q5、11Q7。

⑥ 断开气体探测仪电源、重启气体探测器、机柜风扇开关 17F2、30S1、15F1。

⑦ 断开检定区照明、控制室照明、照明/插座开关 16F6、16F8、15F2。

⑧ 断开 24VDC 控制回路保险总闸、24VDC 直流电源、380VAC/24VDC 直流电源开关 12F6、12F5、12Q4。

⑨ 断开 380VAC/24VDC 直流电源、380VAC/230VAC 交流电源、230VAC 电源、230VAC 控制回路开关 10Q2、12Q1、12F1、12F2。

⑩ 断开 24VDC 控制回路保险总闸、保险丝、总保险闸开关 10F3、20F4、10F0。

⑪ 断开 380VAC 电源开关 10Q0。

五、检维修要点和常见故障处理

（1）流量计投入使用前，应按相应国家标准或规程进行检定或实流校准。

（2）用随流量计提供的润滑油给油腔注满油，按照操作说明书启动油泵。

（3）检查流量计的脉冲输出信号，并与一次指示装置进行对比。

（4）进行检漏测试。

（5）装有油泵的涡轮流量计应 3 个月加注一次润滑油。

（6）油泵操作：用手向下压油泵的手动杆直到停止，这样每次可以形成同样的油压。向下压动手动杆一次意味着油泵活塞的一个冲程。注油保养要求见表 3-14。

表 3-14　涡轮流量计注油保养要求

流量计口径	DN80	DN150~DN400
油泵类型	按钮式油泵（型号：PM04）	拉杆式油泵（型号：HP03）
注油保养	15 个冲程/3 个月	4 个冲程/3 个月
	初次运行的润滑：30 个冲程	初次运行的润滑：10 个冲程
润滑油	推荐使用：Shell Voltol Gleitoel 22、Shell Risella D15、Shell Tellus T15	
注意事项	1. 需按时给油腔补充加油以确保没有空气进入流量计润滑油管道系统； 2. 油泵必须与水隔绝（注意加油孔盖子上的粘贴物或螺钉是否紧固完好）	

（7）输出信号检查：每周定期检查涡轮流量计脉冲输出信号，并与一次指示装置进行对比。偏差较大时应联系厂家工程师对脉冲发生器进行更换作业。

（8）叶轮检查。运行管道中未被过滤掉的固体杂质，极易对涡轮流量计高速旋转的叶轮造成损伤，导致流量计的计量精度下降，故需每周定期对涡轮流量计的叶轮进行检查。检查时操作人员应近距离观察流量计运行状态，仔细倾听叶轮处有无异响。

涡轮正常转动时应为无声。若有异响则说明叶轮已被损伤需尽快联系厂家工程师进行更换作业。故障排查见表3-15。

表3-15　涡轮流量计故障排查表

故障现象	可能原因	消除方法
流体正常流动时无显示，总量计时字数不增加	1. 检查电源线、保险丝、功能选择开关和信号线有无断路或接触不良； 2. 检查显示仪内部印刷版、接触件等有无接触不良； 3. 检查检测线圈； 4. 检查传感器内部故障，上述1～3项检查均确认正常或已排除故障，但仍存在故障现象，说明故障在传感器流通通道内部，可检查叶轮是否碰传感器内壁，有无异物卡住，轴和轴承有无杂物卡住或断裂现象	1. 用欧姆表排查故障点； 2. 印刷板故障检查可采用替换"备用版"法，换下故障板再作细致检查； 3. 做好检测线圈在传感器表体上位置标记，旋下检测头，用铁片在检测头下快速移动，若计数器字数不增加，则应检查线圈有无断线和焊点脱焊； 4. 去除异物，并清洗或更换损坏零件，复原后气吹或手拨动叶轮，应无摩擦声，更换轴承等零件后应重新校验，求得新的仪表系数
未做减小流量操作，但流量显示却逐渐下降	1. 过滤器是否堵塞，若过滤器压差增大，说明杂物已堵塞； 2. 传感器叶轮受杂物阻碍或轴承间隙进入异物，阻力增加而减速减慢	1. 清除过滤器； 2. 卸下传感器清除，必要时重新校验
流体不流动，流量显示不为零，或显示值不稳	1. 传输线屏蔽接地不良，外界干扰信号混入显示仪输入端； 2. 管道振动，叶轮随之抖动，产生误差信号； 3. 截止阀关闭不严泄漏所致，实际上仪表显示泄漏量； 4. 显示仪内部线路板之间或电子元件变质损坏，产生干扰	1. 检查屏蔽层，显示仪端子是否良好接地； 2. 加固管线，或在传感器前后加装支架防止振动； 3. 检修或更换阀； 4. 采取"短路法"或逐项逐个检查，判断干扰源，查出故障点

六、注意事项

（1）确保没有超过测量范围（Q_{min}，Q_{max}）。

（2）流量计必须在没有压力浪涌的情况下工作。

（3）拆卸流量计时前直管段、整流板、流量计整体拆卸。

第四章　在线分析和测量仪表

第一节　TRZ 涡轮流量计

武汉分站选用的是 ELSTER 公司生产的 TRZ 气体涡轮流量计。

一、工作原理

流体流经传感器壳体，由于叶轮的叶片与流向有一定的角度，流体的冲力使叶片具有转动力矩，克服摩擦力矩和流体阻力之后叶片旋转，在力矩平衡后转速稳定，在一定的条件下，转速与流速成正比，由于叶片有导磁性，它处于信号检测器（由永久磁钢和线圈组成）的磁场中，旋转的叶片切割磁力线，周期性地改变着线圈的磁通量，从而使线圈两端感应出电脉冲信号，此信号经过放大器的放大整形，形成有一定幅度的连续的矩形脉冲波，可远传至显示仪表，显示出流体的瞬时流量和累计量。在一定的流量范围内，脉冲频率 f 与流经传感器流体的瞬时流量 Q 成正比，测量的流量用式(4-1)计算。

$$Q = 3600 \times \frac{f}{K} \qquad (4-1)$$

式中　f——涡轮流量计输出的脉冲频率，Hz；

　　　K——涡轮流量计的仪表系数，$1/m^3$；

　　　Q——涡轮流量计测量的瞬时流量，m^3/h。

TRZ 气体涡轮流量计具有如下特点：

（1）传动轴轴承特性强；

（2）长寿命；

（3）低磨损；

（4）抗过载能力强，可达 160%。

二、结构组成

TRZ 气体涡轮流量计结构如图 4-1 所示。

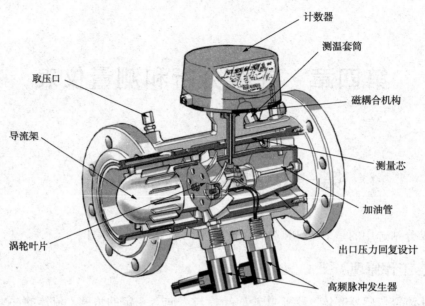

图 4-1   TRZ 气体涡轮流量计结构

（标注：计数器、测温套筒、磁耦合机构、测量芯、加油管、出口压力回复设计、高频脉冲发生器、取压口、导流架、涡轮叶片）

三、技术指标

TRZ 气体涡轮流量计主要技术指标见表 4-1。

表 4-1   TRZ 气体涡轮流量计主要技术指标

涡轮流量计			
公称口径	DN80	DN100	DN200
数量	1	4	6
流量范围/（m³/h）	16~160	20~400	400~4000
输出脉冲频率/kHz	0.01~10		
重复性/%	0.02		
准确度等级/级	0.2		
最大允许峰-峰误差/%	0.3		
电源幅值/VDC	9±1		
环境温度/℃	-12~50		
操作温度/℃	-10~40		
操作压力/MPa	2.5~9		
防爆等级	EEx ia II CT6		
输出信号	RS-485，脉冲信号		
防护等级	IP65		
压力等级/MPa	10.0		

四、操作程序

（1）涡轮流量计启用前，前后直管段必须经吹扫干净后方可投入使用。

（2）启用涡轮流量计前，应设定涡轮流量计的仪表系数，此系数记载于涡轮流量计的检定证书上。

（3）涡轮流量计投运时应缓慢地先手动开启入口阀门，待管线完全充满气且压力平衡后手动开启出口阀门，防止瞬间气流冲击而损坏涡轮。严禁快速开启或关闭阀门，压力剧烈震荡或过快的高速加压会损坏流量计。为了保护气体涡轮流量计，加到涡轮流量计上的压力升高率不得超过35kPa/s。

（4）涡轮流量计投运时，要求同一管线下游处调压撬已完全调压完毕，不会出现冰堵现象，涡轮流量计前后压差不能过大，常用流量范围为最大流量的70%～80%，最大流量可为允许最大流量的120%，最小流量不能低于流量计的工作下限，防止流量计在低限工作时计量失准。

五、检维修要点和常见故障处理

1. 常见故障及处理

TRZ气体涡轮流量计常见故障及处理见表4-2。

表4-2　TRZ气体涡轮流量计常见故障及处理

序号	故障现象	可能原因	处理方法
1	流量计无显示	供电不正常	检查流量计24V直流供电是否正常
		表头损坏	在供电正常情况下，断开电源1min后重新通电，若还无显示，表头可能损坏，更换表头
		芯片松动	打开表壳前盖，重新安装电路板中间6-1芯片
2	流量计显示不完整，有断码	液晶屏损坏	断电1min后重新通电，若显示还是不正常，液晶屏可能损坏，更换液晶屏
3	流量计无流量显示	管道内无气体通过	检查上下游阀门是否开启，管道内是否有流体
		管道内通过气体流量太小	检查管道内通过气体流量大小，增加气体流量
		叶轮卡死，无法工作	将表体从管道上拆下，观察并轻轻拨动叶轮，如发现硬物卡住叶轮，马上清理干净
		表头损坏	将表头拧下，在通电的情况下，用磁头螺丝刀在底部断面快速滑动，观察是否有流量显示，如果没有流量显示，表头可能损坏
		内部参数设置错误	按照说明书，检查表头内部参数设置

序号	故障现象	可能原因	处理方法
4	流量显示值与实际有偏差	仪表系数设定不正确	重新设定流量计的仪表系数
		不在流量计流量范围内	超量程使用流量计可能导致流量计量不准确
		叶轮出现缠绕异物，不能正常工作	清除缠绕在叶轮上的异物
5	输出电流值与实际流量不符	上位机设定流量计量范围不正确	重新设定上位机的流量计量范围
		流量超出计量上限	降低管道内气体流量或更换流量计
		一个电源给多台流量计供电时出现串流现象	打开表壳后盖，可以看到接线端子旁有一个拨码开关，将之置于 OFF 位置，避免串流现象
6	显示屏显示流量为零，输出电流高于 20mA	内部参数设置错误	重新设定仪表相关参数
		电路板损坏	打开表壳前盖，观察电路板状态。如进水或发现烧毁迹象，说明电路板已损坏，更换电路板
7	流量显示不稳定	供电电源不稳定	检查 24V 直流供电
		24V 供电电源与 220V 等强点铺设在一起	24V 直流电属于弱电，尽量不要与 220V、380V 等强电一起铺设
		设备接地不良好	现场设备应有良好接地，不能带电，否则影响设备正常工作
		前后直管段不足	应至少保证流量计前 5D、后 2D 的直管段

2. 维护保养

（1）定期对流量计进行清洗，在气质良好的情况下，应每半年对流量计进行清洗维护一次，保证涡轮的正常运转；在气质较差的情况下，应每月对流量计进行清洗维护一次，保证涡轮的正常运转。

（2）为保证流量计计量的准确性和法制性，应定期对流量计进行检定校验一次，检定合格后方可使用。

（3）保持过滤器畅通。过滤器若被杂质堵塞，可以从安装在过滤器入口、出口处的差压变送器的差压值来判断，出现堵塞及时排除。若压差大于 0.1MPa，应清洗或更换滤芯。

（4）当管路杂质较多，导致流量计涡轮运转失常时应清洗管路，将流量计涡轮拆除后用轻质高标号汽油彻底清洗后重新安装。

（5）定期检查流量计的接地性，确保仪表接地良好。定期测量仪表的接地电阻，若接地电阻值大于 4Ω，证明接地不良，应重新接地。

六、注意事项

（1）在启用流量计前，应对前后管段进行吹扫干净后，方可使用流量计。

（2）在启用流量计前，应按照检定证书上的值设置流量计的仪表系数。

（3）为提高流量计计量的准确性，安装流量计时，应保证流量计上游有不小于10D的直管段，下游不小于D的直管段。

（4）启用流量计时，应缓慢开启流量计上下游阀门，加载于流量计的压力变化应不大于35kPa/s。

（5）流量计使用时，应保证在计量范围内工作，不要超量程范围工作。

（6）在日常使用过程中，严禁更改流量计的设定值。

第二节　USZ08-6P 超声流量计

武汉分站使用的是 RMG 公司生产的 USZ08-6P 气体超声流量计。

一、工作原理

超声流量计的基本原理是超声波在流动的流体中传播时，载上流体流速的信息，因此，通过对接收到的超声波进行测量，就可以检测出流体的流速，从而换算成流量。超声流量计的类型分为时差式(测量顺流和逆流传播的时间差)、相差式(测量顺流和逆流传播的相位差)、频差式(测量顺流和逆流传播的循环频率差)、多普勒超声波流量计(以物理学中的多普勒效应为工作原理，适合于对两相流的测量)。

时差式超声流量计以测量声波在流动介质中传播的时间与流量的关系为原理，由超声波换能器、信号处理电路、单片机控制系统三部分组成。通常认为声波在流体中的实际传播速度是由介质静止状态下声波的传播速度(C_f)和流体轴向平均流速(v_m)在声波传播方向上的分量组成。在有气体流动的管道中，超声脉冲顺流传播的速度度要比逆流时快，流过管道的气体的速度越快，超声顺流和逆流传播的时间差越大，其工作原理图如图4-2所示。

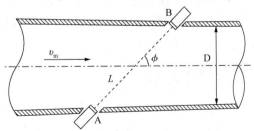

图4-2　超声流量计工作原理图

在图4-2中，顺流和逆流传播时间与各量之间的关系是：

$$t_{down} = t_{AB} = \frac{L}{(C_f + v_m \cos\phi)} \quad (4-2)$$

$$t_{up} = t_{BA} = \frac{L}{(C_f - v_m\cos\phi)} \qquad (4-3)$$

式中　t_{up}——超声波在流体中逆流传播的时间，s；

　　　t_{down}——超声波在流体中顺流传播的时间，s；

　　　L——声道长度，m；

　　　ϕ——声道角，（°）；

　　　C_f——声波在流体中的传播速度，m/s；

　　　v_m——流体轴向平均速度，m/s。

由式(4-2)和式(4-3)可推导出流体速度的计算公式为：

$$v_m = \frac{L}{2\cos\phi}\left(\frac{1}{t_{down}} - \frac{1}{t_{up}}\right) \qquad (4-4)$$

将测得的多个声道的流体流速利用数学的函数关系联合起来，可得到管道平均流速的估计值$\bar{v}$，乘以过流面积 A 就可得到超声流量计测量的体积流量 q_v，如式(4-5)所示。

$$q_v = A\bar{v} \qquad (4-5)$$

式中　q_v——超声流量计测量的体积流量，m³/s；

　　　A——测量管道的截面积，m²；

　　　$\bar{v}$——流体轴向平均速度，m/s。

USZ08-6P 超声流量计特点如下：

（1）超声流量计的量程比宽；

（2）超声流量计无阻流元件，无压损；

（3）全钛金属外壳探头；

（4）具有独特的声道冗余冗错功能；

（5）完整的电子计量装置，反应时间短；

（6）使用多级修正计算方法，保证计量的高精度；

（7）双向计量，带双流向自动检测，双向累计流量分开计量，是一路实现进出的地下储气库计量的理想选择。

二、结构组成

1. 结构介绍

USZ08-6P 型超声流量计由 12 个探头传感器、信号测量系统、电子显示单元 USZ 09-C 等组成，如图 4-3 所示。

超声流量计探头传感器通过法兰直接与流量计表体连接，但没有在测量管道内伸出，各声道分布设计相对于仪表的中心完全对称，因此，无须修整或重新编程，就可直接用于天然气的双向贸易计量。超声传感器布置如图 4-4 所示。

图 4-3　USZ08-6P 型超声流量计

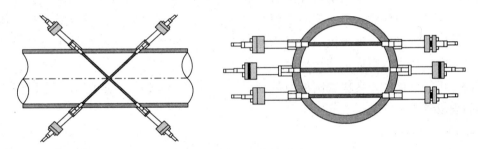

图 4-4　超声传感器布置图

电子信号测量系统直接安装在表体上信号处理单元，用于控制超声传感器的信号，评价超声探头的测量结果和计算每对声道的测量气体流速。

2. 主要功能特点

（1）实时流态的检测和修整：USZ08 按高斯-切比雪夫原理进行测量声道科学排列，6 组声道按每个平面层两组声道的原则，形成 3 个天然气流动平面层，且相对与中心完全对称，实现有效地捕捉和补偿流过天然气测量管径流态的变化，包括对涡流、不对称流及切向流等。

（2）高精度和稳定性：流量计信号处理单元内置和采用多级修正方法。

（3）声道冗余和冗错功能：仪表内置声道重新构造的计算模型，保证在两个声道出现故障时（在同平面或者两个不同平面），计量精度保证不变，具有 PTB 认证。

（4）流态分析功能：内置流态分析软件，通过对各个测量平面的数据进行对比分析，可以准确描述现场真实流态，测量涡流角度等。

（5）全钛外壳的超声探头：高灵敏度、坚固耐冲刷，耐腐蚀和自防污设计。

（6）超声探头使用温度范围宽：$-20 \sim 55℃$ 或 $-40 \sim 80℃$

（7）高抗干扰性：内置数字滤波器，过滤各种噪声，保证测量数据的准确性，参见抗干扰测试实验结果图。

（8）超声流量计适用于常压下(1bar)正常工作。

（9）适用于一级(Zone 1)防爆区域使用：探头为防爆设计，防爆等级为 EExd IIC T6。

（10）更换探头不需要检定。

（11）探头可以带压更换。

3. 六声道技术

六声道布置的特殊设计具有以下优势：

（1）不敏感：声道布置按高斯-切比雪夫原理进行科学排列，由两对交叉声道形成相互独立的流态分布面，满足在没有流态整流器，甚至在形成涡流、不对称流、切向流等情况下，也可以满足高精度计量的要求。

（2）冗余：在任意一个或者两个超声探头损坏、出现故障时，不会影响超声流量计贸易计量的准确性，超声流量计具有通过对所有正常工作声道测量结果分析得到替代值的功能，使失效声道重建构建声道。

（3）可转移性：一个仪表的声道数越多，测量的结果越好，这些结果可以转移到真实的现场条件下的结果。

4. 测量准确度

声道几何布置、六声道技术和信号放大等流量计的基本特点，保证流量计达到较高的测量准确度。另外，仪表采用两级误差曲线的线性化修正，进一步提高了流量计的测量准确度，第一级修正是使用空气测量的校准曲线进行修正，第二级修正是来自高压校准结果的修正，在各种压力条件下曲线没有漂移。

测量值和诊断值可以连续监视，故障发生时可以输出告警信号。

5. 探头传感器

每只探头传感器的组成是由压电晶体嵌入钛金属小腔内，该技术的合金材质不仅强度好而且可以防污。

超声探头传感器的操作频率为 120kHz 或 200kHz 可选，口径大于 DN200 的采用 120kHz 探头，口径为 DN100 和 DN150 的采用 200kHz 探头，保证测量气体流速达到 40m/s。由于采用高的信号放大和最优的信噪比，使由天然气调压器产生的噪声对测量的影响非常微小。

三、技术指标

USZ08-6P 气体超声流量计主要技术指标见表4-3。

表 4-3　USZ08-6P 气体超声流量计主要技术指标

超声流量计		
公称直径	DN100	DN200
数量	5	6
流量范围/（m³/h）	13~1000	40~4000
压力等级	600LB	
准确度等级/级	0.5	
测量不确定度/%	0.3	
重复性/%	0.05%	
最大允许峰峰误差/%	0.5	
电源幅值/VDC	24±1	
传感器的操作频率/kHz	120	
温度范围/℃	-10~50	
输出信号	RS-485，脉冲信号	
防爆等级	ExdIICT5	
防护等级	IP6	
声道数	6	
适用介质	天然气，石油气，城市煤气，丁烷，空气，氮气等	

四、操作程序

1. ERZ2000USC 软件功能概述

依靠安装的软件，ERZ2000 设备系列配备的集成功能单元，可直接连接到超声测量元件（在软件中被称为 IGM 工业气体仪表）。操作 IGM，不需要配备新的硬件。在工厂启用后，该功能一直处于激活状态，如果没有启用，将永久输出一条故障消息，并干扰累加器进行测量。在 RS485 模式下，通过 COM1 端口连接到测量元件。Modbus 用于与测量元件通信。

ERZ2000 系统系列的名称和设备的组合变化：千位代表系统名称，百位代表能量计算（高位热值计算），十位代表孔板计算机的功能，个位代表状态、温度、密度的修正（1＝温度，2＝密度，3＝备用，4＝压力/温度）。

2. 气体流量计/体积数据采集

气体流量计数据常常作为变送器数据传送到修正仪。除了测量参数以外，流量计类型、制造商、序列号等信息也会被采集到"Meter"菜单中。然后这些数据就会自动在流量计 ID 显示屏中出现。

DZU 操作模式需要有另外一个功能单元（远程单元）使测量头和体积校正器相互连接。这要么是外部的 USZ 9000 远程单元，从监护转移计量的角度来看，它代表着主累加器，要么是 USE 09-C 超声电子系统，它集成了控制器和主累加器。DZU 协议传输测量读数、流量和状态信息以用于流量计诊断。

DZU 模式的例子(用于 USE09-C)如图 4-5 所示。

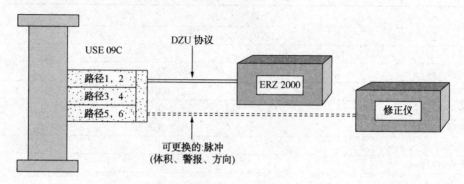

图 4-5　DZU 模式

IGM 模型(16)不要求任何相同的硬件(远程单元);体积修正仪与超声波测量计测量头直接连接。IGM 模式的例子(用于 USE09)如图 4-6 所示。

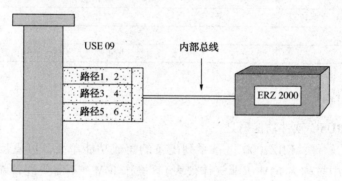

图 4-6　IGM 模式

3. 连同超声流量计一起操作的特别说明

DZU:带 USE09-C 超声流量计控制单元的 ERZ2000。

如果选择这一模式,FH 超声流量计诊断功能就相当重要了,该模式下会显示如下信息:测得的平均声速,显示单元,通道 1~6 的气体速度,通道 1~6 的声速,上游和下游方向的自动增益控制等级,通道 1~6 的测量品质(有效测量的百分比),警报状态,以及 USE09C 下的信息解释。

带有脉冲输入的操作模式功能继续被激活且会合适地使用,包括以下功能:

(1) 启动和关闭;

(2) 启动/怠工时间;

(3) 漂移量极限;

(4) 漂移量模式;

(5) USE 故障影响;

（6）IGM：带有集成超声控制器的 ERZ2000；

（7）FH 超声诊断。

五、检维修要点和常见故障处理

1. 常见故障处理

（1）效率因子为 0，电压增益一直稳定在 65535 或者其值与极限值相等。

流量计不能收到任何超声波脉冲信号。应该是一个探头或者探头端面已损坏。

（2）效率因子低，电压增益值接近于极限值。

流量计虽然能接收到超声波发出的脉冲信号，但是收到严重的噪声或者电子的干扰，同样可能引起气体流速（也就是工况瞬时流量）和声速的测量错误。电子电路的干扰需要排查外电路和相关的电缆，这种干扰与是否有流量无关。噪声多是由调压阀引起（尤其是阀门工作在较大压差的情况下），这种干扰一般发生在气体有流量的情况下。

（3）读取频率、电流、状态输出失败。

如果串口传输还是正常的，则可能输出板已损坏。

如果同样也没有串口输出，则检查表的发送信号灯是否每秒闪烁一次。如果是，则通信口损坏；如果状态灯不再闪烁（显示为常亮），则关闭流量计，然后再重新启动；如果状态灯一直不亮，则表明此流量计可能已经损坏。如果此流量计可以继续生产，但又频繁发生以上故障，则与 RMG 厂家联系。

2. 维护保养

（1）超声波流量计不包含任何机械部件，超声波探头是唯一接触气体的部分。探头被设计用来检测气体在不同速度下的电阻变化。因此，探头与电子线路是完全免维护的。但无论如何，还是建议使用者定期检查流量计工作状况，时间间隔可以为 1 周或 1 月。

（2）为了保障流量计性能，适时的检测可以预防故障发生。

（3）检查测量到的数据。所有测量到的数据趋势图（通过参考较前一段时间的历史数据）可以清楚地显示出流量计的工作状况。建议定期记录一些测试数据。可测量的数据包括：

① 采样率；

② 效率因子；

③ 声速；

④ 流速（零流量测量）；

⑤ 电压增益；

⑥ 电压增益限值；

⑦ 涡流角度。

六、注意事项

（1）维修作业前需进行风险评价，做好评价记录。

（2）维修保养前需做好人员技术物资等准备，影响安全生产的需做好安全评价和安全监督工作，必要时安全技术人员需到现场进行指导。

（3）超声波流量计在拆卸维修前，必须先断电，关断前后球阀并将管段放空。

（4）换能器清洗时，轻拿轻放。

（5）超声波流量计电子数据处理单元必须保持干燥。

第三节　3144P 温度变送器

武汉分站选用的是 ROSEMOUNT 3144P 型温度变送器，如图 4-7 所示。

图 4-7　温度变送器

一、工作原理

ROSEMOUNT3144P 温度变送器具有卓越的测量准确性、稳定性和可靠性，是关键控制和安全应用领域的主要产品。3144P 温度变送器既可通过 4~20mA/HART，也可通过完全数字化的 FF 现场总线协议来执行指令。它可接受单传感器和双传感器输入。这种双传感器输入功能使变送器能够同时接受来自两个独立传感器的输入，从而可以测量温差，进行温度平均或测量冗余温度。变送器可为不同的传感器输入进行配置，包括热电阻、热电偶、毫伏或欧姆。

ROSEMOUNT3144P 温度变送器特点如下：

（1）Sensor Drift Alert and Hot Backup(传感器偏差报警和热备份技术)提高测量结果的长期可靠性；变送器与传感器匹配特性可提高温度测量准确度。

（2）可用 4~20mA/HART 或 FF 现场总线协议进行通信。

（3）集成化 LCD 显示器(可选)便于显示主传感器的输入和变送器的诊断信息。

（4）可进行单传感器或双传感器输入。温差和平均温度的测量提高了系统的灵活性。

（5）双室结构在恶劣工业环境下仍可确保最高的可靠性。

二、结构组成

1. 基本结构

ROSEMOUNT 3144P 温度变送器主要由铂热电阻和用于转换电阻信号的变送器组成。铂热电阻是利用其内的导体或者半导体的电阻值与温度变化成一定比例来测量温度值。当温度增高，电阻增大；温度降低，电阻减小。温度变送器是通过变送器读取铂热电阻的电阻信号，通过不平衡电桥将电阻信号转换为 4~20mA 的电流信号上传或者就地显示温度。如图 4-8 所示。

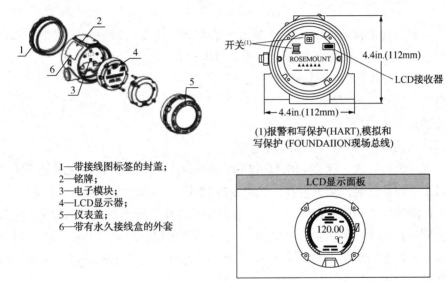

1—带接线图标签的封盖；
2—铭牌；
3—电子模块；
4—LCD显示器；
5—仪表盖；
6—带有永久接线盒的外套

图 4-8　温度变送器分解图

2. FF 现场总线和 HART 协议

采用 HART 或者 FF 现场总线通信可确保高性能和先进的诊断。ROSEMOUNT 3144P 变送器提供的诊断不仅提供连续的测量状态（好、差或不确定），而且能指示出传感器故障。两种变送器都能将执行信息提交给自动测量系统。

3. FF 现场总线说明书

（1）电源。FOUNDATION 现场总线采用标准现场总线电源。变送器运行电压为 9~32VDC，最大 11mA。变送器端额定电压为 42.4VDC。

（2）报警。模拟输入功能模块可使用户按不同的优先级或滞后顺序将报警设置成高-高、高、低或低-低模式。

（3）瞬变保护。瞬变保护器协助防止由雷电、焊接、大型电子设备或开关设备而引起的瞬变作用损坏变送器。瞬变保护电子元件安装在附加于标准变送器接线盒的组件中。瞬变接线盒对极性不敏感。

（4）就地显示。传感器和功能模块中显示所有 DS65 测量结果，包括：传感器1，传感器2，温差和终端温度。显示选择可达四项。仪表可显示五位数字的技术单位（℉，℃，°R，K 和微伏）。显示设置可在工厂按变送器的配置设定（标准或自定义）。这些设置可在现场用 375 型现场通信装置或 Delta V 进行重置。此外，LCD 显示其他装置的 DS65 参数。除仪表配置外，还可显示传感器诊断数据。如果测量状态良好，测量值显示出来。如果测量状态不确定，除显示测量值外还显示不确定状态。如果测量状态差，就显示测量结果差的原因。

（5）启动时间。当衰减时间设置为 0s 时，变送器电源接通 20s 内应达到规定的性能。

（6）状态。如果自动诊断系统检测出传感器烧坏或变送器故障，测量状态会相应更新。状态也可发送进程标识符输出到安全数值。

（7）FOUNDATION 现场总线参数。

计划引入装置：25（最大）

连接装置：30（最大）

虚拟通信接口（VCR）：20（最大）

（8）现场软件升级。配有 FOUNDATION 现场总线的 3144P 软件在现场升级非常容易。通过把应用软件装入装置内存，允分发挥软件增强功能。

（9）备用连接主动调度程序（LAS）。变送器可用作装置连接主机，如果当前连接主机出现故障或者从程序段消除，可发挥连接主动调度程序（LAS）功能。用主机或其他配置工具下载进度表用于中则连接主机装置。在无第一连接主机时，变送器发挥 LAS 功能，并对 H1 程序段进行永久控制。

三、技术指标

ROSEMOUNT3144P 温度变送器主要技术指标见表 4-4。

表 4-4　3144P 温度变送器主要技术指标

项　目	指　标	项　目	指　标
数量	35	防爆类型	隔爆型
量程范围/℃	−20~80	精度	A 级
测量精度/℃	优于±0.1	稳定性/a	2
信号输出形式	4~20mA 或 FF 总线信号	负载电阻/Ω	0.85
传感器元件	Pt100 铂热电阻	防爆等级	ExdIIBT4
响应时间/ms	≤50（1m/s 风速）	防护等级	IP66
供电电源	24V DC（12~24V）	安装方式	焊接/直插

四、操作程序

（1）调出温度报警设定面板。

（2）设定高/低报方法：单击允许，在高报和低报中设置报警值，再单击提交即可完成高低报警设定。

（3）设定高高/低低报方法：单击允许，在高高报和低低报中设置报警值，再单击提交即可完成高高/低低报设定。

（4）维护状态设置方法：当现场仪表故障时，需要将仪表状态设定为维护状态，单击维护前复选框，再单击执行，即可完成维护状态设置；在设定值中输入仪表故障前显示的数值，再单击设定，即可完成维护设定值。

（5）查看模拟量历史趋势：单击趋势图，即可调出趋势图面板。

五、检维修要点和常见故障处理

1. 常见故障及处理

ROSEMOUNT3144P 温度变送器常见故障及处理方法见表 4-5。

表 4-5　3144P 温度变送器常见故障及处理

序号	故障	原因	处理方法
1	显示值比实际值低或不稳定	接线柱间腐蚀或热电阻短路(有水滴等)	找到短路处清理干净或吹干；加强绝缘
2	显示仪表指示无穷大	1. 热电阻或引出线断路； 2. 接线端子松开	1. 更换热电阻； 2. 拧紧接线螺丝
3	热电阻阻值随温度关系无变化	热电阻丝材料受腐蚀变质	更换热电阻
4	仪表指示负值	1. 仪表与热电阻接线有错； 2. 热电阻有短路现象	1. 改正接线； 2. 找出短路处，加强绝缘
5	温度读数偏高或偏低	1. 电子线路板损坏； 2. 温度信号不稳定； 3. 电缆干扰或接地线接地不标准； 4.PLC 对应模拟量通道量程设置错误； 5. 现场变送器端量程设置错误	1. 更换电子线路板； 2. 进行信号输出调整； 3. 检查电缆排除干扰源，规范接地线接法； 4. 检查 PLC 对应通道量程设置情况(由专业人员操作)； 5. 现场用 375 手操器对变送器进行检查(由专业人员操作)

2. 维护保养

（1）通电情况下，严禁打开电子单元盖和端子盖，允许进行外观检查。可检查变送器及配管配线的腐蚀、损坏程度以及其他机械结构件。

（2）零点和满度调整：禁止在现场打开端子盖和视窗，只许在控制室内用手持通信器进行调整。

六、注意事项

（1）隔爆型变送器的修理必须断电后在安全场所进行。

（2）如果变送器需要更换部件，应先切断主电源，将仪表从管线拆下后移至仪表间进行更换或者维修。

（3）严格按照正确的操作规程进行操作，避免因操作失误而使变送器无法正常工作。

（4）严禁未经允许擅自更改站控机上温度变送器的设定值，按规定对温度变送器定期维护检测。

（5）温度变送器为防水、防尘结构，使用中，应确认密封压盖和 O 形环有无损伤和老化，防止雨水进入变送器造成短路。

第四节　3051S 压力（差压）变送器

武汉分站选用的是 ROSEMOUNT3051S 压力（差压）变送器，如图 4-9 所示。

图 4-9　压力（差压）变送器

一、工作原理

ROSEMOUNT 3051S 压力（差压）变送器内有一隔离膜片，压力信号的变化经变送器内含的一种灌充液通过隔离膜片转换为电容的变化传送至压力传感膜头，压力传感膜头将输入的电容信号直接转换成可供电子板模块处理的数字信号，再经电子线路处理转化为二线制 4~20mADC 模拟量输出叠加 HART 信号。如图 4-10 所示。

3051 压力（差压）变送器特点如下：

（1）工业领域中最佳的总体性能±0.15%，令回路性能最优化。

（2）五年稳定性±0.125%，可大大降低校验和维护费用。

（3）更快的动态响应，可降低过程的可变性。

（4）共平面设计可实现全面测量方案。

（5）先进的 Plantweb 功能。

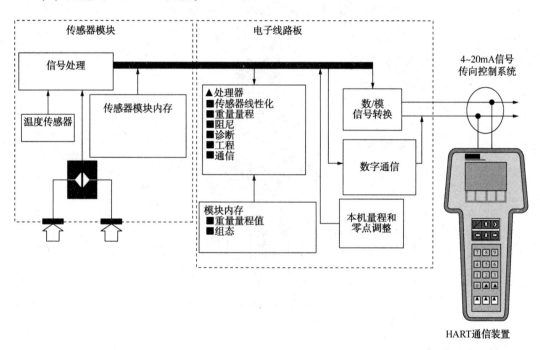

图 4-10　压力（差压）变送器工作原理

二、结构组成

3051 型变送器主要部件为传感器模块和电子元件外壳。传感器模块包括充油传感器系统以及传感器电子元件。传感器电子元件安装在传感器模块内并包括一温度传感器、储存模块和电容/数字信号转换器。来自传感器模块的电子信号被传输到电子元件外壳中的输出电子元件。电子元件外壳包括输出电子线路板、本机零点及量程按钮和端子块。如图 4-11 所示。

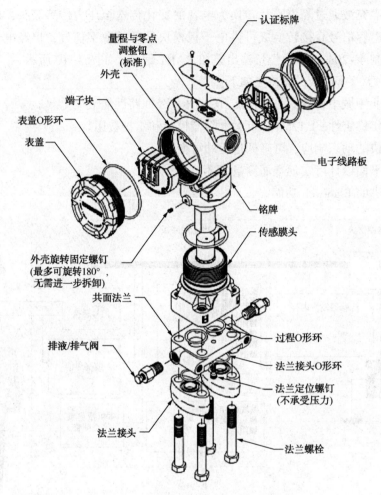

图 4-11 压力(差压)变送器结构图

三、技术指标

ROSEMOUNT 3051S 压力(差压)变送器主要技术指标见表 4-6。

表 4-6 3051S 压力(差压)变送器主要技术指标

项　目	指　标	
	类型 1	类型 2
数量/台	4	37
操作压力/MPa	2.5~9.0	
操作温度/℃	-12~40	-10~30
环境温度/℃	-12~50	-12~40

续表

项　目	指　标	
	类型1	类型2
测量范围	0~0.15MPa	0~620mbar
测量原理	电容式	
精度/%	±0.075	±0.025
输出信号	FF	
防爆等级	ExdIIBT4	
防护等级	IP65	

四、操作程序

1. 操作前的检查

（1）接线前检查压力（差压）变送器是否已断电。

（2）通电前检查电源电压是否正常。

2. 接线通电规程

（1）拆下接线端子端的表盖。

（2）将电源正极引线与"+"接线端子相连，电源负极引线与"-"接线端子相连。

（3）将电线导管接口密封。

（4）装好仪表表盖。

3. 利用变送器量程及零点按钮进行量程修正的方法

（1）拧松变送器表盖顶上的固定认证标牌的螺钉，旋开标牌，露出零点和量程按钮。

（2）利用精度为3~10倍于所需校验精度的压力源，向变送器高压侧加下限量程值对应的压力。

（3）如果设定4mA点，先按住零点按钮至少2s，然后核实输出是否为4mA。如果安装了表头，则表头将显示 ZERO PASS（零点通过）。

（4）向变送器高压侧加上限对应的压力。

（5）如要设定20mA点，先按住量程按钮至少2s，然后核实输出是否为20mA。如果安装了表头，则表头将显示 SPAN PASS（量程通过）。

五、检维修要点和常见故障处理

1. 常见故障及处理

ROSEMOUNT 3051S 压力（差压）变送器常见故障及处理见表4-7。

表4-7 3051S压力(差压)变送器常见故障及处理

序号	故障	原因	处理方法
1	压力信号不稳	1. 压力源本身是一个不稳定的压力; 2. 变送器信号线缆屏蔽层双端同时接地,抗干扰能力不强; 3. 传感器本身振动很厉害; 4. 变送器敏感部件隔离膜片变形、破损; 5. 引压管泄漏或堵塞	1. 稳定压力源; 2. 信号线缆屏蔽层单端接地; 3. 检查并固定变送器; 4. 更换传感器(由专业人员操作); 5. 清洗疏通引压管.排除漏点
2	变送器无输出	1. 传感器接错线; 2. 信号线路本身断路或虚接; 3. 传感器损坏	1. 检查传感器线路并排除; 2. 检查断路或虚接点并排除; 3. 更换传感器
3	压力(压差)读数偏高或偏低	1. 电子线路板损坏,变送器内防雷元件烧坏; 2.4~20mA电流信号不稳定; 3. 电缆干扰; 4. 接地线接地不标准; 5.PLC对应模拟量通道量程设置错误; 6. 现场变送器端量程设置错误	1. 更换电子线路板; 2. 进行信号输出调整; 3. 检查电缆排除干扰源; 4. 规范接地线接法; 5. 检查PLC对应通道量程设置情况(由专业人员操作); 6. 现场用375手操器对变送器进行检查(由专业人员操作)

2. 维护保养

ROSEMOUNT 3051S压力(差压)变送器维护保养方法见表4-8。

表4-8 3051S压力(差压)变送器维护保养

序号	维护保养内容	维护保养周期	维护保养单位
1	检查设备外观,应保持清洁、干燥、完好、接线柱和调整螺丝无锈蚀,并清洁设备	日常巡护	场站、巡线队
2	查看仪表的输出值是否正常	日常巡护	场站、巡线队
3	查看仪表有无泄漏	日常巡护	场站、巡线队
4	对压力(差压)变送器进行放空排污	每月	场站、巡线队
5	零位检查	每月	场站、巡线队
6	防雷击检查,检查设备接地电阻	每月	场站、巡线队
7	检查供电电压是否正常	每季度	场站、巡线队

六、注意事项

(1)压力(差压)变送器属于精密仪器,要轻拿轻放,不可碰撞。

(2)不可带电操作,在拆卸之前一定要先下电,安装后一切检查正常才可供电。

(3)严格按照正确的操作规程进行操作,避免因操作失误而使压力(差压)变送器无法正常工作。

（4）严禁未经允许擅自更改站控机上压力（差压）变送器的设定值，按规定对压力（差压）变送器定期维护检测。

（5）安装之后，电源供给后没有显示有可能因为短路造成 PLC 机柜 1A/250V 保险烧毁，用万用表进行检查后予以更换即可。

（6）安装后，如果出现泄漏，应重新安装，并检漏。

（7）压力（差压）变送器为防水、防尘结构，使用中，应确认密封压盖和 O 形环有无损伤和老化，防止雨水进入变送器造成短路。

（8）在拆卸分输出站处的压力（差压）变送器时，可能会引起站内 ESD-3 级关断，必须在采取防范措施后，才可操作。

（9）在利用压力（差压）变送器量程及零位调整按钮进行量程调节时，如果变送器保护跳线开关位于"ON"位置，则不能够调整零点和量程。

第五节　ENCAL 3000 在线气相色谱分析仪

武汉分站选用了 INSTROMET ENCAL 3000 在线气相色谱分析仪。

一、工作原理

气相色谱仪是利用试样中各组分在色谱柱中的固定相和流动相间分配系数不同，由载气把气体试样带入色谱柱中进行分离，并通过检测器进行检测的仪器。气相色谱的流动相为惰性气体，当多组分的混合样品进入色谱柱后，由于吸附剂对每个组分的吸附力不同，经过一定时间后，各组分在色谱柱中的运行速度也就不同。吸附力弱的组分容易被解吸下来，最先离开色谱柱进入检测器，而吸附力最强的组分最不容易被解吸下来，因此最后离开色谱柱。如此，各组分得以在色谱柱中彼此分离，顺序进入检测器中被检测、记录下来。检测器将物质的浓度或质量的变化转变为一定的电信号，经放大后在记录仪上记录下来，就得到色谱流出曲线。根据色谱流出曲线上得到的每个峰的保留时间，可以进行定性分析，根据峰面积或峰高的大小，可以进行定量分析。

ENCAL3000 在线气相色谱仪用于分析天然气的组分，并能够存储原始数据、分析结果等信息，可将分析结果进行远传。

二、设备组成

ENCAL3000 在线气相色谱仪主要由载气系统、进样系统、分离系统（色谱柱）、检测系统以及数据处理系统构成，其系统图如图 4-12 所示。

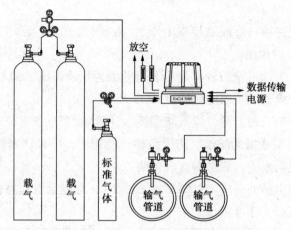

图 4-12　ENCAL3000 气相色谱仪系统图

1. 载气系统

载气系统包括气源、气体净化器、气路控制系统。载气是气相色谱过程的流动相，原则上说只要没有腐蚀性，且不干扰样品分析的气体都可以作载气。常用的有 H_2、He、N_2、Ar 等。在实际应用中载气的选择主要是根据检测器的特性来决定，同时考虑色谱柱的分离效能和分析时间。载气的纯度、流速对色谱柱的分离效能、检测器的灵敏度均有很大影响，气路控制系统的作用就是将载气及辅助气进行稳压、稳流及净化，以满足气相色谱分析的要求。选择气体纯度时，主要取决于分析对象、色谱柱中填充物以及检测器，尽可能选用纯度较高的气体。这样不但会提高(保持)仪器的高灵敏度，而且会延长色谱柱和整台仪器(气路控制部件，气体过滤器)的寿命。实践证明，作为中档仪器，长期使用较低纯度的气体气源，一旦要求分析低浓度的样品时，要想恢复仪器的高灵敏度有时十分困难。对于低档仪器，作常量或半微量分析，选用高纯度的气体，不但增加了运行成本，有时还增加了气路的复杂性，更容易出现漏气或其他的问题而影响仪器的正常操作。

2. 进样系统

进样系统包括进样器和汽化室，它的功能是引入试样，并使试样瞬间汽化。气体样品可以用六通阀进样，进样量由定量管控制，可以按需要更换，进样量的重复性可达 0.5%。液体样品可用微量注射器进样，重复性比较差，在注射器容量下使用。在工业流程色谱分析和大批量样品的常规分析上常用自动进样器，重复性很好。在毛细管柱气相色谱中，由于毛细管柱样品容量很小，一般采用分流进样器，进样量比较多，样品汽化后只有一小部分被载气带入色谱柱，大部分被放空。汽化室的作用是把液体样品瞬间加热变成蒸汽，然后由载气带入色谱柱。

3. 分离系统

分离系统主要由色谱柱组成，是气相色谱仪的心脏，它的功能是使试样在柱内运行的同时得到分离。

色谱柱基本有两类：填充柱和毛细管柱。填充柱是将固定相填充在金属或玻璃管中（常用内径 4mm）。毛细管柱是用熔融二氧化硅拉制的空心管，也叫弹性石英毛细管。柱内径通常为 0.1~0.5mm，柱长 30~50m，绕成直径 20cm 左右的环状。用这样的毛细管作分离柱的气相色谱称为毛细管气相色谱或开管柱气相色谱，其分离效率比填充柱要高得多。可分为开管毛细管柱、填充毛细管柱等。填充毛细管柱是在毛细管中填充固定相而成，也可先在较粗的厚壁玻璃管中装入松散的载体或吸附剂，然后拉制成毛细管。如果装入的是载体，使用前在载体上涂渍固定液成为填充毛细管柱气-液色谱。如果装入的是吸附剂，就是填充毛细管柱气-固色谱。这种毛细管柱近年已不多用。

开管毛细管柱又分以下 4 种：

（1）壁涂毛细管柱。在内径为 0.1~0.3mm 的中空石英毛细管的内壁涂渍固定液，这是目前使用最多的毛细管柱。

（2）载体涂层毛细管柱。先在毛细管内壁附着一层硅藻土载体，然后再在载体上涂渍固定液。

（3）小内径毛细管柱。内径小于 0.1mm 的毛细管柱，主要用于快速分析。

（4）大内径毛细管柱。内径在 0.3~0.5mm 的毛细管，往往在其内壁涂渍 5~8μm 的厚液膜。

4. 检测器

检测器的功能是将柱后已被分离的组分的信息转变为便于记录的电信号，然后对各组分的组成和含量进行鉴定和测量，是色谱仪的眼睛。原则上，被测组分和载气在性质上的任何差异都可以作为设计检测器的依据，但在实际中常用的检测器只有几种，它们结构简单，使用方便，具有通用性或选择性。检测器的选择要依据分析对象和目的来确定。

5. 数据处理系统

数据处理系统目前多采用配备操作软件包的工作站，用计算机控制，既可以对色谱数据进行自动处理，又可对色谱系统的参数进行自动控制。

三、技术指标

为了对天然气的组分进行测量，应在工艺管线的入口处安装 1 套在线气相色谱分析仪，用于在线分析测量天然气的组成，从而计算出管输天然气的密度、相对密度、高位发热量、低位发热量和压缩因子（依据 AGA-8），以保证流量测量的准确可靠。主要要求如下：

（1）所选用的在线气相色谱分析仪应能自动、连续地分析出管道中天然气的组分，并将其分析结果传送至上位计算机控制系统中。

（2）在线气相色谱分析仪的检测器应具有较高的灵敏度，能够自动检测出天然气的全部主要组分信息，对于天然气应至少能分别独立检测出 $C_1^+ \sim C_9^+$ 的组分以及 N_2 和 CO_2 等其他组分。

（3）在线气相色谱分析仪还应包括：取样、样气预热及处理系统、检测分析系统、计算、显示及信号传输系统；其至少有两套色谱柱系统，色谱柱应是易于更换的标准产品；采用色谱柱自动切换，反吹和加热的技术，以延长色谱柱使用寿命。

（4）具有故障报警功能。当发生故障时，能及时报警并提示故障信息。

（5）在设定的时间间隔自动通入标准气体进行标定的自检功能。

（6）在满足在线气相色谱分析仪技术要求的前提下，应优先选用价格适宜、易于购买的气体作为载气。

（7）主要技术指标：

① 分析输出：所有天然气的组分；

② 分析周期：C_6^+ 分析 3min、C_9^+ 分析 5min；

③ 不确定度优于：0.2%；

④ 重复性优于：0.05%；

⑤ 防爆等级不低于：Exd Ⅱ BT4；

⑥ 防护等级优于：IP65。

四、操作程序

在使用 ENCAL 3000 色谱仪操作前需要预热 30min。按如下程序操作：

1. 载气连接

缓慢打开载气瓶压力调节器，调整载气瓶出口的压力为 0.55MPa（80psig）。吹扫载气管路 30s 后导通载气气路。对在线气相色谱仪 ENCAL 3000 验漏。

2. 电源供电

（1）检查所有气路连接和电路连接，确保连接紧固、安全。

（2）在对所有管路吹扫 10min 后，将色谱仪机柜内下部防爆箱的电源开关依次自左向右从"O"（分）位置转向"I"（合）位置，为在线色谱仪供电，系统将自动启动，用载气吹扫色谱分析仪 30min。

3. 用户登录

色谱电源开启并且检测到载气以后，色谱分析仪会自动为色谱柱加压。色谱分析仪仍然处于"Idle（空闲）"模式，需要手动开始分析。双击桌面上的 RGC 3000 图标，出现登录界面，该软件设置了三种不同的登录级别，可根据需要选择不同的用户名登录。

用户名：Admin（管理员级别）

Service（服务级别）

Readonly（只读级别）

默认密码：demo(所有等级)

为了避免因误操作而引起色谱仪设置的改变，一般工作人员可选择 Service(服务级别)登录。

4. 仪器状态检查

点击菜单栏的 Control 键，出现仪器控制界面，如图 4-13 所示。

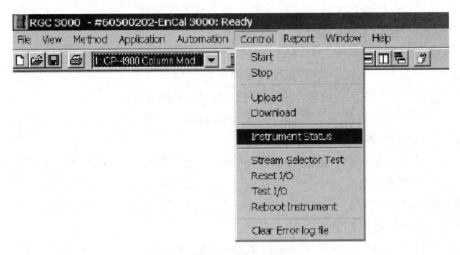

图 4-13 仪器控制界面

选择 Instrument Status(或者选择工具栏相应的图标)，进入仪器控制界面，如图 4-14 所示。

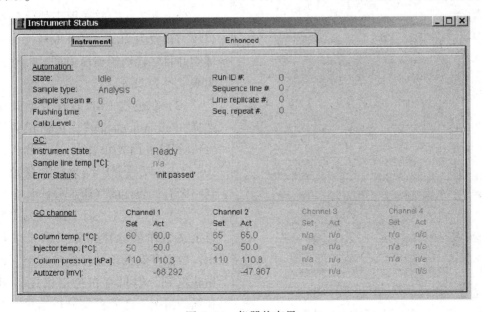

图 4-14 仪器状态界

在图4-14中，绿色字体显示的是用户设定值，未超过仪器内部设定范围的实际值显示为蓝色，超过仪器内部设定范围的实际值则显示为红色。红色数值说明仪器该操作单元未达到稳定运行条件。一般情况下，只需5min仪器就能达到稳定条件。

5. 校准操作

原则上，在每次检定任务开始前，都应当对色谱仪进行校准，需要遵循以下程序：

（1）按下"Stop"按钮来停止当前序列。按下这个按钮时，将会跳出一个窗口，在这个窗口中按下"Stop"来确定选择。

（2）等待直到GC显示它在"Idle"模式。

（3）缓慢打开标气瓶压力调节器，并调整标气瓶出口的压力为2bar。吹扫标气管路30s后导通标气气路。对在线气相色谱仪ENCAL 3000验漏。

（4）转到"Control"并按下"Start"，在下面的窗口中按下"Execute Calibration Block Only"按钮，色谱仪将开始一次校准。

（5）在软件Method（Peak Identification）中输入标气证书上的组分值，并且将标气连接到色谱上。在刚开始的几个分析周期中，色谱仪不断地检查分析结果有效性，直到所有的峰都独立出现为止，这样所有的组分才能被正确地识别。这个步骤至少要进行5次以上或者所有的报警都消失为止。

（6）当校准结束后，回到"Control"菜单并点击"Start"。

（7）在接下来的窗口，按下按钮"Full Automation"，此时，GC将返回到正常的气体序列分析。

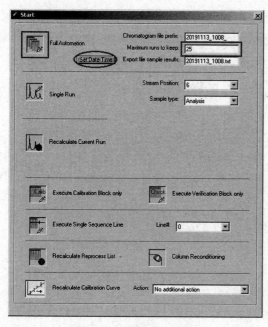

图4-15　存储分析结果

6. 样气分析

（1）在Genie取样探头处将样气进口压力设置为2bar，打开取样探头上的球阀并且轻轻地调整压力调节器直到压力表显示为2bar。

（2）在色谱RGC软件开始菜单上选择"Full Automation"，色谱仪会按照分析序列中预先设置的进行分析，在10~15min以后分析结果就会稳定，得到一个有代表性的气质组分。

（3）可以点击"Set Date-Time"并且自定义采样数量存储分析结果以备后用，数据存储在色谱存储空间上，很容易获取到。但只有在色谱仪连接RGC在线的情况下才能存储分析结果。如图4-15所示。

7. 生成报告

点击"Report"-"Application Report",将会看到包括气体组分含量、热值、密度、相对密度和沃泊指数等性能参数的报告,如图4-16所示。点击"🖨"按钮可打印该报告。

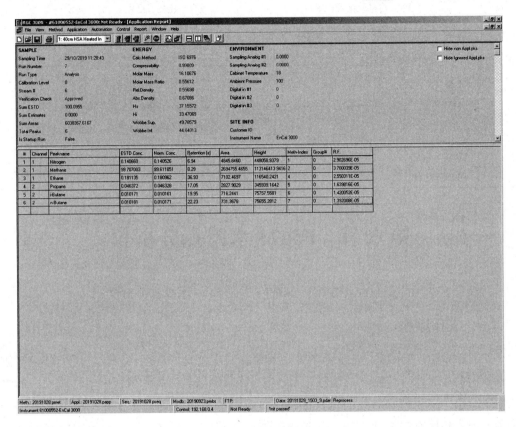

图4-16 生成报告

8. 停运操作

如需停运色谱仪,可按如下步骤操作。

(1)将色谱仪机柜内下部防爆箱的电源开关依次自右向左从"I"(合)位置转向"O"(分)位置,色谱仪的供电即切断。

(2)关闭样气、标气流路上的所有阀门,仍保持载气接通的状态。

(3)待色谱仪降温完成后,关闭载气流路上的所有阀门。至此,色谱仪完全关闭。

注意:如果提前关闭载气,有可能导致色谱柱和检测器的损坏。

五、检维修要点和常见故障处理

ENCAL 3000在线色谱分析仪的检维修要点和常见故障处理方法见表4-9。

表 4-9　ENCAL 3000 在线色谱分析仪的检维修要点和常见故障处理方法

序号	故障现象	产生原因	处理方法
1	色谱仪分析误差增大	对色谱仪长时间未校准	对色谱仪进行校准
		自动化配置设置错误	检查自动化配置设置
		分析仪通道污染	更换通道，并安装金属小滤器
2	系统崩溃，系统冻结	主板和底板接触不良	将主板从底板上卸下再重新装上
		PC 内存或者其他主板上的部件损坏	从插槽中卸下 PC 内存卡并在 10s 后重新插上，重启 GC，如上述无效，则更换整个主板和 PC 内存
		GC 外壳和电源接地线一起接地，产生接地环路并导致系统崩溃	将 GC 外壳和电源接地线分开接地
3	色谱仪通电后不能正常引导	硬件出现故障或逻辑错误	根据故障灯判断存在错误的硬件，并联系厂家

第六节　F5673 水露点分析仪

武汉分站选用的是 HYGROPHIL 公司生产的 F5673 水露点分析仪。

一、工作原理

HYGROPHIL F5673 是一款由微处理器控制的高级光纤湿度测量仪，用于测量气体和液体中的微量水。传感器的型号是 L166x，该传感器具有高和低折射率物质构成的多层稳定结构。由于特别的热固化技术，在每层结构上形成了许多小孔。根据湿度平衡原理，进入传感器的水分子会改变光的折射（空气 1.00/水 1.33）。介质中的水分含量会引起系统波长成比例地发生变化。电子单元测量到波长的变化并且转换成露点。

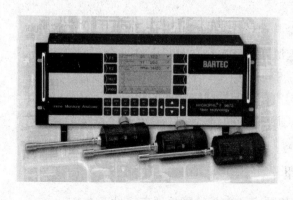

图 4-17　F5673 水露点分析仪

二、设备组成

F5673 水露点分析仪由一台电子单元和最多 3 个湿度传感器组成。电子单元设计成 19″机架的形式，可以安装一些插件。电子单元也可以作为台式设备使用。湿度传感器由传感器层、内置的温度传感器、光纤电缆和包含传感器检定数据的连接插头构成。如图 4 – 17 所示。

三、技术指标

F5673 水露点分析仪的主要技术指标见表 4-10。

表 4-10　F5673 水露点分析仪主要技术指标

项　目	指　标	项　目	指　标
供电	240V AC，保险丝 3.15A	重复性	在-80~20℃时，±0.1℃
功耗	≤200W	分析周期	连续分析
通道数量	3 个	取样温度	-20~40℃
检测原理	冷镜	通信接口及协议	RS485
测量和分析范围	-80~20℃	输出信号	4~20mA
分析精度	在-80~20℃时，±1℃	变送器安装方式	现场安装

四、操作程序

1. 通电运行

电子单元没有装备开关，通过电缆直接连接到主电路。在通电之后，软件开始运行，传感器完成自动校准。过程大约需要 1min，测量的变量会被显示出来。

2. 导通气路

打开样气阀，测试样气流通过排出空气吹扫仪表。通过部分关闭排出阀调节测试样气流量，使露点仪上的压力表指示值与工艺管线上的压力表指示值保持一致。

3. 传感器的自动校准

当系统开机时，或者测量周期完成间隔 24h 后，传感器自动校准。在测量模式任意时刻可以启动传感器的自动校准。按 F1 或 F2 键，这两个键的当前功能会显示在屏幕上。按下 F1 键，启动传感器的自动校准功能。如图 4-18 所示。

4. 在线曲线显示

在线曲线显示模式下，曲线 1、2、3 显示测量变量最后 2h 的测量值曲线。如图 4-19 所示。

测量值每间隔 30s 更新显示出来。每隔 10min 测量值被写入到数据存储器。如果切换到另一种显示模式，然后返回到图形显示模式，则记录的数据从数据存储器中读出并显示。由于数据记录的时间间隔为 10min，所以，显示的曲线是平滑的。

5. 历史曲线显示

每隔 10min，将测量值记录到数据库中，数据库可以保存 6 个月的数据。可以定入一个时期保存多达 3 个测量变量的测量过程曲线。

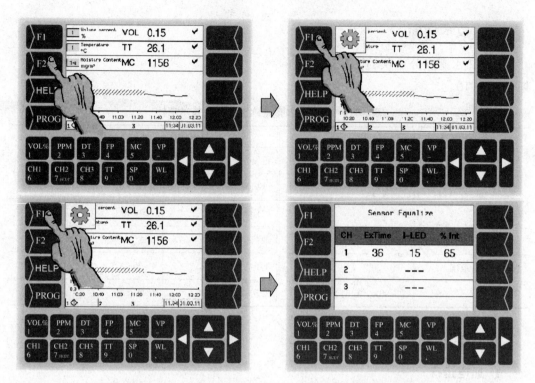

图 4-18　传感器自校准模式

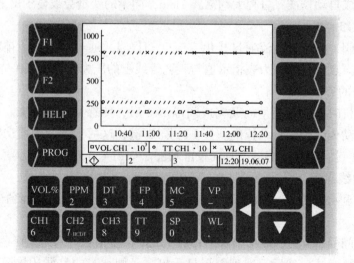

图 4-19　测量值曲线图

6. 历史设置

切换到在线曲线模式，按 F1 或者 F2 键，显示这两个键的当前功能。如图 4-20 所示。

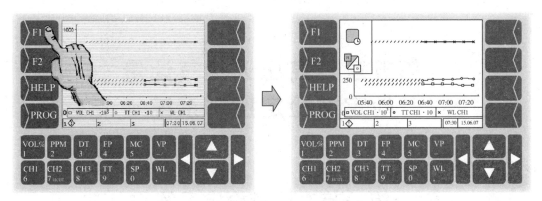

图 4-20　曲线显示模式图

7. 数据输出

将测量数据储存在 SQLite 数据库中。可以通过 USB 接口将数据库拷贝到外部数据储存设备中，如果需要可以将数据库文件转换成 .csv 文件。

8. 拷贝数据

连接外部存储器(U 盘)到电子单元背后的 USB 接口。进入历史设置菜单，触摸有 U 盘标识的按键。然后可以选择输出一个在 PC 上运行的软件(数据转换程序)。为了使用数据转换程序，必须同数据库一起输出。

五、检维修要点和常见故障及处理

(1) 从测量管线中取出传感器，用软布料清洁。

(2) 使用软布料清洁传感器的末端，最好在布料上蘸点酒精。

注意：使用 CleanTex 的 OpticPads CT811，或者相似的产品。

六、注意事项

(1) 安装时，确保与管道连接处的阀门处于关闭状态，避免带压连接冲开接头，造成人身伤害。

(2) 使用防爆工具，避免安装过程中产生火花。

(3) 安装完毕后，应及时进行验漏。

(4) 制冷剂为低温液体，操作时需要戴劳保手套和安全防护镜，避免造成冻伤。

(5) 将制冷剂和样气排出口方向对着空旷无人的下风向，避免对他人和自己造成冻伤或有毒气体中毒。

(6) 确保与管道连接处阀门处于关闭状态，放空连接管内压力后，进行拆卸操作，避免带压操作对人体造成伤害。

第五章　高压天然气计量
检定站检定控制系统

第一节　计量检定系统

一、系统主要概述

检定系统软件 OzMeterVerify 由北京东方华智石油工程有限公司自主开发，采用 C# 为主开发语言，基于 Framework 4.5 完成开发，可以实现多种流量计量检定功能，软件严格遵守相关检定标准，采集现场标准装置区、核查装置区和被检装置区的温度、压力以及流量信号，完成对流量压缩因子、瞬时流量、累积流量等参数的计算，通过标准装置和被检装置的对比，完成流量计的检定工作，判定被检流量计检定结果。软件也能够根据检定数据，计算流量计修正系数，完成流量计的校准工作。

二、系统组成

检定系统主要由数据采集处理系统、检定服务器及检定操作工作站和检定管理工作站组成。检定系统主要实现对检定站中标准涡轮流量计、核查超声流量计、差压变送器、温度变送器、压力变送器、在线色谱分析仪以及被检流量计(含移动式流量标准装置中的流量计)等现场流量、温度、压力、天然气组分等测量信号的采集和处理。同时对检定数据进行处理、计算、量值确定、报表及检定证书打印等，并且能够实现基于网络的流量计检定管理。检定系统如图 5-1 所示。

从压力调节系统来的天然气进入检定系统管路。检定系统分为大流量检定系统和小流量检定系统。

1. 小流量检定系统

小流量检定系统工作核查标准共设置了 5 条管路，分别为一条 DN80 的标准管路和 4 条 DN100 的标准管路。小流量检定系统检定流量在 20 ~ 1600m³/h，设计压力为 10.0MPa。工作级表选用最大允许误差为 ±0.2% 的涡轮流量计，核查级表选用精度为 ±0.5% 的超声波流量计。检定台分别设置了 DN50、DN80、DN100 的检定管路，检定时

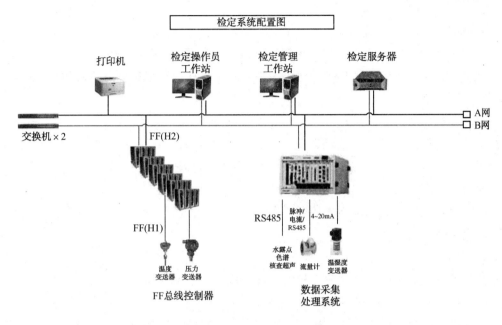

图 5-1　计量检定系统构成图

根据检定需要打开小流量核查级标准表、小流量工作级标准组合表、小口径流量计检定管路进行检定。在每个检定台管路上设置一台液动夹表器将被检表和检定管路连接起来。

在每个检定台位处，将设置 1 个防爆仪表接线箱，以便将被检流量计的流量信号、温度信号、压力信号接入到控制系统中完成数据采集、计算。另外，还需要防爆仪表接线箱为被检台位处流量计、温变、压变提供直流电源供电（24DVC）。

2. 大流量检定系统

大流量检定系统工作核查标准共设置了 7 条管路，分别为一条 DN80 的标准管路和6 条 DN200 的标准管路。大流量检定系统检定流量在 $20 \sim 9600 m^3/h$，设计压力为10.0MPa。工作级表选用最大允许误差为±0.2%的涡轮流量计，核查级表选用最大允许误差为±0.5%的超声波流量计。检定台分别设置了 DN150、DN200、DN250、DN300、DN400 的检定管路，检定时根据检定需要打开大流量核查级标准表、大流量工作级标准组合表、流量计检定管路进行检定。在每个检定台管路上设置一台液动夹表器将被检表和检定管路连接起来。

在每个检定台位处，设置 1 个防爆仪表接线箱，以便将被检流量计的流量信号、温度信号、压力信号接入到控制系统中完成数据采集、计算。另外，还需要防爆仪表接线箱为被检台位处流量计、温变、压变提供直流电源供电（5~36DVC）。

三、操作程序

1. 网络配置

检定系统网络配置功能也是系统第一次运行之前需要进行的必要配置，配置成功后才能进行检定系统的其他相关操作。因为检定系统依托于采集服务器及数据服务器。

2. 网络状态

网络连接状态每 5s 检测一次。为绿色背影时表示通信正常；当为红色时，表示通信存在问题。但这并不是说明问题很严重，因为系统采集双网冗余，当其中一条出现问题时，系统将给出提示，此时需要人工检测问题是否确实存在，排除隐患。

3. 语言切换

系统默认读取操作系统语言环境，也可自由修改，在登录之前，可先选择语言。

4. 用户与权限

系统内置管理员账号 Admin，只有 Admin 才有权限操作用户和权限管理。Admin 登录系统后，从主菜单中选择用户和权限管理功能进入维护界面。

系统内置三个权限，分别是：高级权限、中级权限、低级权限。不同权限用户，所能操作的功能也会有所不同，权限级别越高，拥有的功能就越多。

用户管理分为：增加用户信息，修改用户信息，用户使能设置。Admin 为内置，不可修改，但可修改密码。

通过点击用户列表行标题选择操作，双击修改，右键使用户失效。

5. 用户权限对照

用户权限对照表见表 5-1。

表 5-1　用户权限对照表

检定系统功能	高	中	低
基本检定操作	√	√	√
历史证书删除	√	×	×
设备不确定度设置	√	×	×
稳定性参数设置	√	√	×
色谱设置	√	√	×
管路配置–传递管路	√	√	×
管路配置–标准管路	√	√	×
管路配置–被检管路	√	√	√
管路配置–移动检定车	√	√	√
网络配置	√	√	√

6. 密码修改

密码修改需要先登录系统，普通用户修改密码可通过点击系统界面的登录用户显示的部分修改用户密码。

如果普通用户忘记密码，可由系统内置超级管理员找回密码，和普通用户一样进行操作，只是在用户名部分可以选择账户进行操作。所以当密码丢失时，要联系系统管理员。

7. 用户登录

使用有效的用户名和密码可成功登录到系统，想要操作系统首先需要登录。每次登录后，在下次登录的时候，都会保留最后一次登录的用户名，方便操作员的操作。

8. 管路配置

管路配置功能由主菜单->基础参数设置->管路设置进入，检定前必须进行管路配置，才可开始检定。采集图形方式进行配置，点击需要配置的部分，即可进行配置。共分为 4 个区域的设置：

（1）传递管路设置；

（2）标准管路设置；

（3）被检管路设置；

（4）移动检定车设置。

9. 设备不确定度设置

设备不确定度用于证书或报告中。

10. 稳定性参数设置

稳定性参数设置功能每次修改后，将直接发指令到采集系统执行操作员做出的操作。

11. 色谱仪设置

色谱仪设置功能可以选择使用键盘值手动输入，也可以选择从色谱仪读取。每次修改后，将直接发指令到采集系统执行操作员做出的操作。

12. 检定任务

检定软件可以处理如下 5 种类型的检定任务。

（1）对被检台位上的流量计进行检定。此时被检定校准的流量计安装在检定台位处，检定台位处可以安装两台相同类型的流量计同时进行检定校准。

（2）对移动标准装置上的流量计进行检定。此时被检定校准的对象为移动检定车，移动检定车将其标准器和核查表信号接至移动检定车接线箱作为被检定校准的对象。

（3）对小流量标准流量计进行检定。此时小流量标准管路的任意一个管路的标准涡轮和核查超声作为被检定校准的对象，接受传递管路的检定校准。

（4）对大流量标准流量计进行检定。此时大流量标准管路的任意一个管路的标准涡轮和核查超声作为被检定校准的对象，接受小流量标准管路的检定校准。

（5）历史检定任务。此时从数据库中加载已经存在的检定任务。

注：中断检定或暂停检定的任务可从历史检定任务中读取，继续完成检定。

四、检维修要点及常见故障处理

1. 温度/压力变送器诊断

在检定过程中，如被选定的标准和被检流量计的相关温度、压力及流量信号，不在合理的范围内，则认为现场设备信号故障，系统画面显示报警，提醒操作员做出相应处理。温度、压力变送器诊断主要有如下几个方法：

（1）工作标准装置管路温度/压力变送器诊断。在检定过程中，对于工作标准管路上的温度、压力变送器，系统会分别读取标准表和核查表对应的压力、温度变送器的数值，并且对同一条管路上的两台相同类型的变送器的值进行对比。如果二者差值大于设定的限值，则认为这两台变送器其中一台可能出现故障，会在检定界面弹出报警。

（2）被检台位温度/压力变送器实时诊断。每路被检管路均设置有两个被检台位，每个台位都有各自的1套温变和压变，在实际检定中，可以将两套被检管路的温变和压变都安装投用，这样在检定时可以通过比对同一条被检管路的两台相同类型的变送器的数值的方式，完成被检台位的变送器实时诊断。

（3）压力变送器周期性校准。在压变校准前一晚上打开装置上除了进出口阀门外的所有阀门，第二天早晨装置内就会有一个相对稳定的条件，这样所有的压力变送器示值都应该相同，流量示值也应该为零。在检定操作软件中，加入变送器校正功能，操作员只需要通过简单的操作就能完成压力变送器的校准，如出现异常情况，系统会自动弹出报警提醒操作员。

2. 阀门泄漏诊断

检定管路的强制密封阀的密封性是否良好，对流量计检定系统的精度影响重大。若阀门的密封性不好，检定最终结果将存在很大误差，这在流量计检定中是坚决不允许的，所以检定软件内置强制密封阀泄漏检测功能意义重大。

本方案在检定软件中内置了强制密封阀泄漏检测功能，且非常易于操作，操作员只需通过检定系统发出相应管线泄漏检测命令，检定系统便会自动将电磁阀控制命令传至站控系统，由其完成检漏电磁阀开关的控制。检定系统根据采集到的泄漏检测管线的压力值进行判断压力示值是否处于正常值，自动判断阀门是否存在内漏情况，如存在泄漏情况，则上位机画面显示报警。每次泄漏检测完成后检定软件会提示操作员及时关闭泄漏检测电磁阀，以防止危险操作。

3. 流量计实时诊断

（1）核查超声流量计的诊断信息由 485 串口信号通过数据采集工控机传至检定系统，检定系统读取流量计诊断信息并且完成系统自诊断。计算现场流量计每个声道的测量声速与流量计平均声速的差值，如果差值达到某一设定上限，则认为流量计声速故障，如果出现故障，则会在检定系统画面显示报警信息。

（2）标准涡轮流量计的诊断信息也由 485 串口信号通过数据采集工控机传至检定系统，检定系统在线实时读取标准涡轮流量计的诊断信息，可以实时显示标准装置内所有标准涡轮流量计的叶轮损坏和轴承磨损等方面的信息，并可以对报警信息进行组态以声音或画面弹出的方式提示操作员。

（3）同时检定软件数据库具有足够大的容量来容纳流量计诊断信息，数据库软件为每台流量计预留多达 200 点的容量用于存放流量计诊断信息。

4. 信号采集卡自诊断

数据采集系统卡件的自诊断是使用采集卡的 API 函数完成的。系统正常运行时，检定软件会通过采集卡的 API 函数周期读取采集卡的状态，如采集卡出现故障，检定系统发出警报信号，并通过返回的故障代码判断是何种故障，在系统画面中显示相应故障信息。

第二节　站场控制系统

一、系统主要概述

DCS 站场控制系统由过程控制系统、ESD 系统、工程师工作站、操作员工作站 OPC/历史服务器以及网络通信设备组成。控制系统负责工艺流程参数的实时显示，完成检定站门控制和状态显示，实现流程切换，压力、流量的自动和手动调节，泄漏检测，对 ESD 的状态显示及控制，完成 UPS、加热系统、火气、阴保等第三方系统的监控，对系统中故障和报警等信息的显示，并完成与原武汉输气站控制系统之间的连锁、通信。

二、系统组成

武汉分站控制系统由艾默生的 DCS 控制器 Deltav、操作员站、工程师站、应用站、检定操作站、检定管理工程师站、数据采集工控机、串口服务器、FF 总线控制系统、报警打印机、检定数据服务器、交换机、路由器等设备组成，主要完成站内工艺数据采集、监视、控制以及各种类型流量计的检定校准等功能。具体配置如图 5-2 所示。

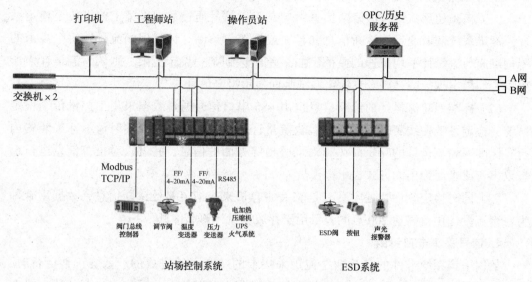

图 5-2　站场控制系统配置图

武汉计量站站控系统采用以艾默生 DeltaV DCS 为核心的监控和数据采集系统，系统包含基本过程控制系统（BPCS）和安全仪表系统（SIS），均采用同一品牌产品，可以无缝地整合在一套系统中，可完成对整个站场的监控和运行管理。

DeltaV 的工作站分为工程师站、操作员站、应用站等，其中应用站具备 OPC Server 功能并可通过第三块网卡以以太网的方式连接到其他系统，实现不同系统间的实时数据交换等功能。根据系统配置功能的需要，应用站可以用作 OPC 服务器、AMS 服务器等。

DeltaV 的控制器及 I/O 子系统包含控制器、供电模块和各类卡件，卡件负责现场信号采集及处理，由控制器执行控制策略，DeltaV 系统可根据应用场合的需要采用冗余控制网络、冗余控制器、冗余电源等冗余措施。控制器和卡件将安装在底板上，各类卡件可根据需要随意安装在底板上，无须特定的卡件安装在特定的位置，所有的部件都是自动感应和分配地址，无须人员手工干预。

DeltaV 的控制网络是对等的冗余以太网结构，在机柜间和中央控制室集中配置冗余的交换机，并通过冗余的网线构成系统控制的主、副网络。站控服务器、操作站等的主副网卡、主副控制器的主副网口，通过网线分别连接到系统控制网络的主副交换机上。DeltaV 系统的控制网络采用 TCP/IP 的通信协议，系统自动分配各节点的 IP 地址。每套 DeltaV 系统可支持最多 120 个节点，系统结构灵活，规模可变，易于扩展。

工程师站负责全局数据库的组态及组态数据库的维护。配置有系统组态、操控、维护及诊断等软件包，具备了操作员站的所有功能。主要功能包括：过控单元的操作界面；全局数据库及控制策略的组态；事件报警记录的浏览；各个控制器、工作站、I/O卡件及整个网络的诊断。

DelatV 的操作员站预先定制了标准的操作面板及详细面板，以此来统一对所有模块的操作，对报警浏览表、流程图或模块详细信息等都会有直观的统一界面。系统将通过对报警的分级、显示及管理使得操作员可以准确无误地关注到最重要的报警信息，并可以直接通过报警栏处理最高级别的报警。

DelatV 的应用站可用于存放历史数据库，同时可作 OPC 服务器实现系统对外的接口。此外，应用站也可以配置各种优化或管理软件来实现其他特定的功能。应用站的主要功能包括：OPC 服务器直接访问系统数据库为客户端软件的应用提供快速、准确、可靠的数据；历史数据库用于存放模拟及数字量的记录。

DeltaV 系统的控制器用于管理所有在线 I/O 子系统、控制策略的执行及通信网络的维护，同时报警和事件的时间标签由控制器执行，以确保精确的事件顺序记录。对于冗余配置的控制器，在工作时会有一个处于激活状态，而另一个待机状态的控制器会拥有相同的设置，并会映射在线控制器的所有操作。一旦在线控制器发生故障，待机状态的控制器将会自动切换到激活状态。并且，系统可以在故障控制器被替换后自动执行初始化，使系统恢复冗余配置。当网络发生故障的时候，控制器会保留最后收到的有效数据。

DeltaV 的组态工具主要由 DeltaV Explorer 浏览器和 DeltaV Control Studio 组态工作室两部分组成，并完全支持中文界面。DeltaV 系统诊断工具 DeltaV Diagnostics Explorer 对控制系统以及现场仪表的维护及诊断提供了有效的策略，它提供全系统范围的、现场设备级的深度诊断，覆盖 DetlaV 和 DeltaV SIS 以至仪表，帮助用户快速了解控制网络通信的状况，DeltaV 控制器及 I/O 卡件、SIS 逻辑处理器和现场智能化仪表的运行状况。

DeltaV 的事件记录帮助用户采集最完整的数据值及其对应的时间标签，尽可能精确反映出报警事件发生的真实状况。如图 5-3 所示。

事件记录采集包括多个控制器和工作站在内的所有系统事件，如操作员改动、回路参数调整、控制模块修改、组态、下装、报警和设备状态改变等，同时每种事件的相关信息，如谁做的改动和什么时候发生的改动都被记录。DeltaV 过程历史浏览应用将直接访问事件库，事件记录将按时间顺序显示并使用不同的颜色来区别事件的类别；此外提供过滤功能方便用户进行报警事件分析，可按日期/时间、事件类型、分类、区域、节点或模块对事件进行过滤。

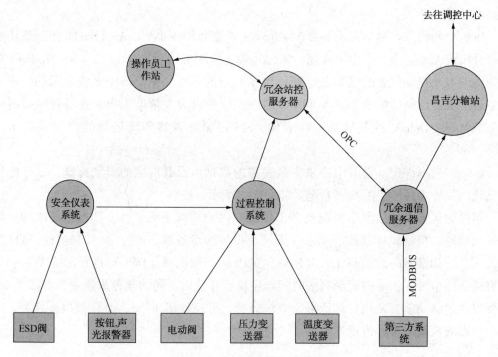

图 5-3　事件记录

武汉分站站控系统数据流向如图 5-4 所示。

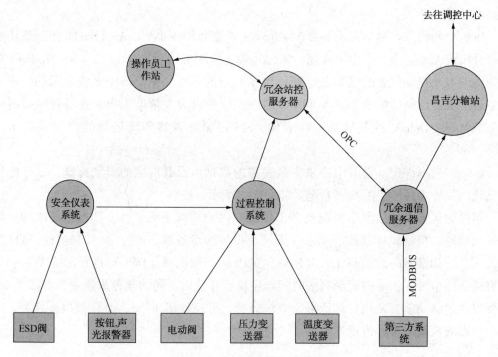

图 5-4　站控系统数据流向图

三、操作程序

1. 操作员系统启动

操作员站上电启动后，计算机自动运行到系统登录画面，按照提示，输入正确的用户名和密码，用户名：administrator，密码：deltav，就会进入操作员操作界面，如图5-5所示。

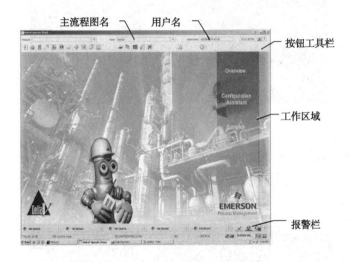

图5-5　站控系统主控制图

2. 点击打开主画面，进入系统总貌图

在系统总貌图中，显示的是各板块的快捷按钮，点击对应的长方形灰色图标可以进入相应板块总貌，如图5-6所示。

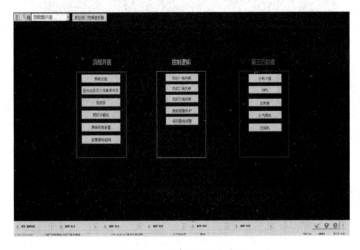

图5-6　站控系统总貌图

3. 点击过程画面进入系统总图

在系统总图中显示工艺流程及检定的过程画面，在过程画面中点击相应阀门会弹出该阀门的控制面板，通过点击面板中的操作按钮即可远程对现场设备进行控制，如图 5-7 所示。

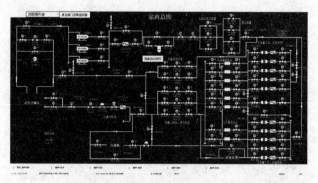

图 5-7　武汉分站站内总图

4. 点击设备监视操作画面

点击设备监视操作画面，进入色谱通信、UPS 和空压机通信以及火气系统检测画面，如图 5-8、图 5-9 所示。

图 5-8　UPS 监控画面

图 5-9　火气系统监控画面

5. 流量自动调节

检定回路使用流量调节为主，压力保护为辅的控制策略。平时在流量计检定时，自动调节检定回路的流量，尽量与设定值接近，可以保证流量波动小于设定值的1%。如果调节阀阀后压力超过设定上限值，则会自动切换至压力调节进行保护调节，避免超压对设备造成损坏。

同时，旁通回路以压力调节为主，流量保护为辅的控制策略。正常检定时，旁通回路的被控对象为阀后压力，使用一个单独 PID 回路进行控制，操作员设定值后，控制器自动选取应用的 PID 回路，完成正常的压力控制。如果检定管路的流量超过设定上限值，旁通回路会自动切换至流量调节进行保护调节，避免由于流量超限造成设备损坏。

站场操作员可以对进站总流量和检定流量进行设定，设定完成后即可按照逻辑顺序"开始–关流量调节阀–开流量旁通阀–流量旁通自动调节–等待旁通流量稳定–旁通流量阀流量阀切换–流量调节阀自动调节–结束"对进站总流量和检定流量进行自动调节，如图 5-10 所示。

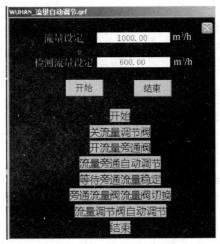

图 5-10　流量自动调节界面

6. 紧急关断逻辑

一级关断画面如图 5-11 所示。

ESD 系统是管道站场在出现天然气泄漏、火灾、自然灾害等意外情况时，通过触发条件启动紧急停站逻辑程序，切断所有进站阀门、出站阀门、切断安全截断阀、打开越站阀门、停止运行设备，并在进出站阀全关到位后放空站内天然气的紧急切断系统。为了确保 ESD 系统工作的可靠性，在紧急情况下发挥应急作用，必须定期对其进行测试。在操作画面上可以实现 ESD 的投用和休眠切换，当 ESD 联锁投用时按下站场 ESD 触发按钮后本站站控屏幕"ESD 一级关断联锁"页面显示"检定站 ESD 触发"信息，ESD 命令发出，站控室警铃报警，武汉输气站站控画面报警栏及报警画面显示计量检定分站 ESD 触发。

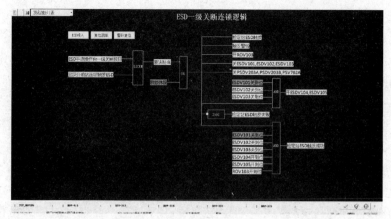

图 5-11　一级关断画面

触发 ESD 后，紧急关本站进出站气液联动阀 ESDV101、ESDV102、ESDV103，紧急切断阀 PSDV203A、PSDV203B、PSV702A；自动开电动阀 ROV103，本站站内气液联动阀 ESDV101、ESDV102、ESDV103 全关到位后，紧急开越站气液联动阀 ESDV104、ESDV105，越站气液联动阀 ESDV104、ESDV105 全部开到位后 ESD 触发成功。

触发 ESD 后如果想要将 ESD 复位，必须将触发源消除即将按下的手报按钮复位或解除武汉输气站的 ESD 触发。

7. 管路切断联锁逻辑

控制系统具有检定区管路安全切断功能，自驱式安全切断阀与其下游压力变送器联锁，如果出现压力过大，则控制器自动切断两个切断阀，以保护被检流量计不会因为超压造成损坏。

其下游压力变送器采用"三选二"方式，即只要有两个压变值切断大于设定值，则认为本管线超压，控制系统会紧急切断相应管路的对应的两个切断阀，在上述控制策略下，能够保证安全性能达到 SIL2 等级，确保设备安全。具体流程如下：

操作员在控制系统的 HMI 上设定自驱式安全切断阀的切断压力，以及检定区进气压力的低限报警和高限报警。控制系统实时将采集到的压力与设定值比较，若任意两个压力值低于低限设定值，则系统提示操作员"检定系统进气压力低于低限设定值报警"；若任意两个压力值高于高限设定值，则系统提示操作员"检定系统进气压力高于高限设定值报警"；若任意两个压力值高于高高限设定值，则系统提示操作员"检定系统进气压力高于高高限设定值报警"并将两个安全切断阀切断。用户可以在上位机操作界面手动启用或禁止该功能。

二级关断联锁保护画面如图 5-12 所示。

检定系统进气压力 PT-203A、PT-203B、PT-203C 三个连锁值中如果有两个高高报警或手动按下二级切断按钮，会触发二级切断保护逻辑，切断前面两条管路上的安全切断阀 PSDV-203A、PSDV203B，打开电动阀 ROV103。点击复位按钮可以复位该连锁保护逻辑。

三级关断联锁保护画面如图 5-13 所示。

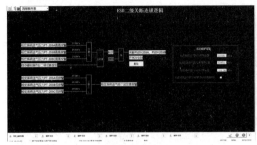

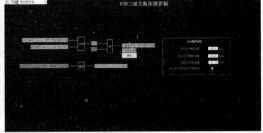

图 5-12　二级关断联锁保护画面
图 5-13　三级关断联锁保护画面

当检定系统出站压力 PIT703 高高报警或手动按下三级切断按钮，会触发三级切断保护逻辑，切断管路上的安全切断阀 PSV-702A，打开电动阀 ROV103。点击复位按钮可以复位该连锁保护逻辑。

8. 涡轮超速保护联锁逻辑

MTL5532 可以同时将工作级标准涡轮流量计的 namer 转换成电压脉冲和 4~20mA 电流信号，电压脉冲信号接入检定系统供计量检定使用，4~20mA 信号接入控制系统供涡轮的超速保护使用。MTL5532 的接线原理图如图 5-14 所示，其配置图如图 5-15 所示。

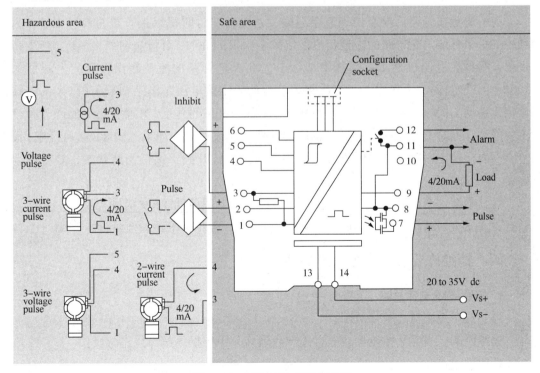

图 5-14　MTL5532 接线原理图

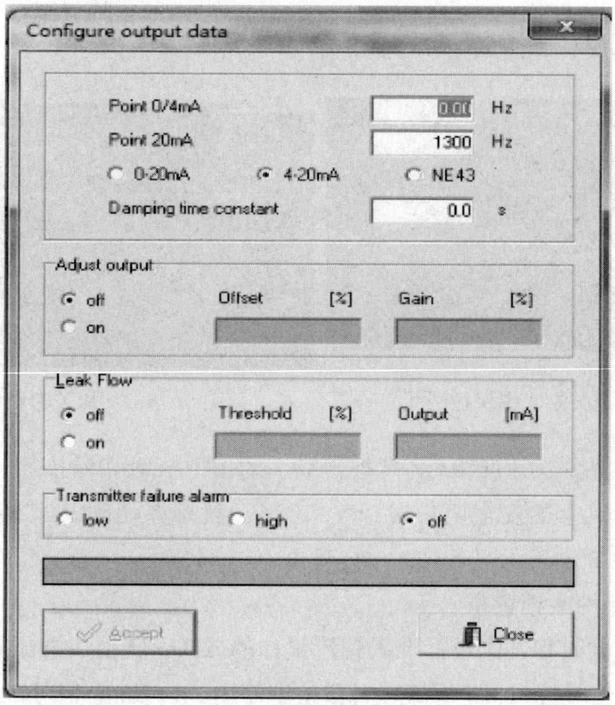

图 5-15　MTL5532 配置图

为了避免在管路切换时出现流量超限，系统会实时监视每条管路的瞬时流量，当其中某一个标准涡轮管路的流量超出设定的上限值的 80%（可设定）时，系统会产生高报警，并且在上位机显示；当其中某一个标准涡轮管路的流量超出设定的上限值的 100%（可设定）时，系统会产生高高报警，自动关闭检定回路出站调节阀（出站调节阀设定为手动，同时给定 0% 阀位），给定旁通回路 100% 的开度（旁通管路上的调节阀设定为手动，同时给定 100% 阀位），同时周期性检测流量值，如果达到 80%（可设定）报警点以内，检定回路调节阀停止关阀，旁通回路停止开阀，保持当前状态，等待继续检定。

当其中某一个标准涡轮管路的流量超出设定的上限值的 120% 时则控制系统立即切断自驱式安全切断阀 PSDV-203A、PSDV-203B，以保护标准涡轮流量计。

四、检维修要点和常见故障处理

1. 控制器或卡件故障

（1）冗余控制器、卡件故障。

故障影响：当冗余控制器或卡件出现故障后，中控操作员可以正常操作。

处理措施：

① 对冗余控制器或卡件中故障的控制器或卡件进行拔插，如仍有故障，转下一步；

② 对故障的控制器或卡件进行更换。

（2）非冗余控制器故障。

故障影响：当非冗余控制器故障后，该控制器所控制区域失控。

处理措施：

① 通知生产车间采取相应的应急措施；

② 对故障控制器进行拔插，如仍有故障，转下一步；

③ 下装控制器，如仍有故障，转下一步；

④ 更换控制器，如仍有故障，转下一步；

⑤ 下装控制器。

（3）非冗余卡件故障。

故障影响：当非冗余卡件故障后，该卡件所控制的点不能被监测和控制，具体为：

AI 卡件故障：监测点不能被监测到；

AO 卡件故障：调节阀不能被控制；

DI 卡件故障：状态点不能被监测到；

DO 卡件故障：联锁阀、电动球阀不能被控制。

处理措施：

①根据故障卡件类型通知生产车间采取相应的应急措施；

②对故障卡件进行拔插，如仍有故障，转下一步；

③下装卡件，如仍有故障，转下一步；

④更换卡件，如仍有故障，转下一步；

⑤下装卡件。

2. 卡件底板故障

当发现同一卡件底板上的所有卡件均不能正常工作时，判断为卡件底板故障。

故障影响：所有故障卡件所控制的点都不能被监测和控制。

处理措施：

（1）通知生产车间采取相应应急措施；

（2）检查底板供电是否正常；

（3）检查底板供电是否稳定；

（4）排除底板供电故障后，更换卡件底板；

（5）下装该底板所承载的所有卡件。

3. 系统断电

故障影响：控制区域失去控制。

处理措施：

（1）通知生产车间采取相应应急措施；

（2）如为控制柜内电源故障，更换电源；

（3）如为 UPS 故障，维护 UPS；

（4）来电后给系统上电；

（5）等待控制器自动下装；

（6）如控制器自控下装失败，进行手动下装；

（7）操作站故障。

五、注意事项

（1）目前该软件运行后，绝对不可更改计算机系统的日期和时间，以免影响工作站的使用。非正常关闭计算机和操作员界面同样会影响该软件运行。

（2）工程师站的意外断电可能会影响数据库的完整性，造成数据不能打开，所以应在系统停止供电之前将工程师站 HMI 软件关闭后再正常关机，应经常做系统的备份，预防意外掉电时数据库的恢复。

（3）现场的进、出站气液联动阀、放空阀以及气动切断阀都为常供电设备，假如设备掉电，进、出站气液联动阀会自动关闭，放空阀会自动打开，及气动切断阀会自动关闭，所以在系统掉电之前应将这些阀门置于安全位置，以免影响管线的正常运行。

第三节　紧急关断系统

一、工作原理

ESD 系统是采用 HIMA 公司的 H41 和 H51q 系统，其控制器的 CPU 采用四重化结构（QMR），即系统的中央控制单元共有四个微处理器，每两个微处理器集成在一块控制单元（Control Unit，CU）模件上，再由两块同样的 CU 模件构成中央控制单元 CU1 和 CU2。其工作原理是首先读取过程输入信号，再按预定的逻辑功能进行处理，然后依次输出处理结果。一个循环扫描过程由七个步骤完成：①周期性自检；②数据接收；③数据传送；④输入数据处理；⑤输出交换比较；⑥结果输出；⑦结果回读。ESD 系统通过监控站场的重要工艺参数实现站场的紧急关断控制。

二、设备结构及特点

ESD 系统由 H51q、ESD 辅助操作台、现场 ESD 按钮、ESD 阀门及第三方设备组成。H51q 主机架如图 5-16 所示。

图 5-16　ESD 系统 H51q 主机架

主机主要包括：2 个 CU 模块、通信模块 CM、3 个电源模块（H41 为两个电源模块）、1 块电源监视卡及 16 个 I/O 模块。控制站的 CPU 及控制总线为四重化冗余容错结构。按 4-2-0 模式工作，同时具有 SOE（顺序事故记录）功能。4-2-0 是 ESD 系统故障时性能递减表示方式。其工作原理是系统中两个控制模块各有两个 CPU，同时工作又相对独立。当一个控制模块中 CPU 被检测出故障时，该 CPU 被切除，切换到 2-0 工作方式；其余一个控制模块中两个 CPU 以 1oo2D 方式投入运行，若这一个控制模块中再有一个 CPU 被检测出故障时，系统停车。具有较高的安全等级，达到 SIL3/AK6。

HIMA ESD 系统所配置的 I/O 模块如下：

（1）数字量输入模件（DI）选用 F3236。通道与通道之间安全隔离，每卡 16 点，无源，正常时外部输入触点闭合，输入信号直接至 HIMA 系统机柜的接线端子。

（2）数字量输出模件（DO）选用 F3330。通道与通道之间安全隔离，每卡 8 点，每点的最大带载能力为 0.5A。

（3）模拟量输入模件（AI）选用 F6217。通道与通道之间安全隔离，每卡 8 点，通过配置不同的电缆插头可以接收有源或无源的 4~20mADC 或 1~5VDC 标准信号。

三、设备操作

1. 关断等级划分及发出方式

站场紧急关断系统进行三级划分，适应不同条件下的需要。关断内容及触发条件如下：

（1）一级关断 ESD-1。站场泄压关断，生产流程及辅助流程均关断，紧急放空阀打开泄压。关闭进站 ESD 阀、出站 ESD 阀、分输出站 ESD 阀，打开放空 BDV 阀。主要由以下原因触发：

① 输气站发生爆炸、火灾后人工确认触发。

② 气质组分、水露点超标后人工确认触发。

③ 其他原因人工触发。

（2）二级关断 ESD-2。站场保压关断，生产流程及辅助流程均关断，所有放空阀保持关闭。关闭进站 ESD 阀、出站 ESD 阀、分输出站 ESD 阀。主要由以下原因触发：

① 来气管线或下游管线爆管后，人工确认触发。

② 站场可燃气体检测高高报警（即浓度达到 50%LEL，多选二表决）后，人工确认触发。

③ 其他原因人工触发。

（3）三级关断 ESD-3。站场区域关断，三级关断 ESD-3 包括两个，主要由以下原因触发：

① 干线 ESD-3（关断 ESDV102，压缩机组紧急停车，视停输时间决定是否放空）。

a. 下游干线故障停输，人工确认后人工触发。

b. 出站压力超高（上限压力 10MPa，PIT103、PIT104、PIT105 三选二表决）。

c. 其他原因人工触发。

② 分输出站 ESD-3（关断 ESDV104）。

a. 下游管线故障停输，人工确认后人工触发。

b. 其他原因人工触发（关断等级仅限首站）。

站内 ESD 系统的指令由操作人员确认后通过站控室的 ESD 辅助操作台手动发出。也可来自站控系统自动联锁信号或调控中心控制室。此外在站内工艺装置区设 ESD 一级关断按钮两处，用于在出现紧急状况时进行现场操作。

2. 站控室辅助操作台关断操作

（1）根据不同的紧急情况需要选择对应等级的紧急关断按钮，打开紧急关断按钮保护罩，拍下按钮，实现 ESD 指令的发出。

（2）检查站控室内 SCADA 系统监控电脑所显示状态，确认紧急关断信号是否发出。

（3）在条件允许无危险的情况下，到现场检查 ESD 阀门以及紧急放空阀门状态，确认现场工艺条件。

（4）向管理处及调控中心汇报紧急关断情况。

3. 辅操台紧急关断的复位

（1）确认已经满足进行紧急关断信号复位的条件。

（2）将拍下的紧急关断按钮顺时针旋转，当旋转到一定角度时，按钮自动弹起，按钮回位。

（3）按下辅操台上右上角复位按钮，在松开手后按钮可自动弹起，复位信号发出。

（4）检查站控室内 SCADA 系统监控电脑所显示状态，确认复位信号是否发出，并检查站控阀门状态，确认工艺条件。

（5）到现场检查 ESD 阀门及紧急放空阀门开关状态，检查天然气压力，确认完成复位。

（6）向管理处及调控中心汇报紧急关断复位情况。

4. 工艺区紧急关断按钮紧急关断

（1）现场发现具备一级关断条件的情况发生时，将紧急关断按钮顺时针旋转 90°，使按钮旋转至凹槽位置，按下按钮至凹槽内，紧急关断信号发出。

（2）条件允许情况下，检查站控室内 SCADA 系统监控电脑所显示状态，确认紧急关断信号是否发出。

（3）向管理处及调控中心汇报紧急关断情况。

5. 工艺区紧急关断按钮紧急关断的复位

（1）确认已经满足进行紧急关断信号复位的条件。

（2）将按下的紧急关断按钮拔出，逆时针旋转到 90°，按钮恢复到紧急关断前状态，按钮回位。

（3）在站控室内按下辅操台紧急关断复位按钮，复位信号发出。

（4）检查站控室内 SCADA 系统监控电脑所显示状态，确认复位信号是否发出，并检查站控阀门状态，确认工艺条件。

（5）到现场检查 ESD 阀门及紧急放空阀门开关状态，检查天然气压力，确认完成复位。

（6）向管理处及调控中心汇报紧急关断复位情况。

四、检维修要点和常见故障处理

1. 常见故障及处理

（1）HIMA 系统中运行的一个 CPU 模块故障。由于 CPU 系统为冗余运行，在出现一台出现故障的情况下会自动切换到备用 CPU，并在故障 CPU 液晶显示框位置显示"STOP"。按下面板上的按钮，会显示故障代码。

（2）HIMA 系统输入输出模块故障。输入输出模块发生故障的情况下会在 CPU 面板上显示 I/O 错误，如发生 IO 模块故障，可对故障的模块组进行更换。

（3）接线松动。由于疲劳应力以及安装期间施工不当等情况的存在，接线在经过一定的时间后存在松动的可能。对于松动的接线应在断电后进行连接。

2. 维护保养

紧急关断系统保养内容：

（1）每月检查 HIMAH51 或者 H41 电源模块供电是否正常。

（2）每月检查 HIMA H51 或者 H41 运行指示是否正常，是否存在报警。

（3）每月检查 HIMA H51 或者 H41 外壳温度是否异常、过高。

（4）每月检查 HIMA H51 或者 H41 接线是否松动，线缆外壳是否存在损坏。

（5）每月清除 ESD 机柜内的灰尘，保持内部设备的清洁。

（6）每月检查辅助操作台保护罩是否完好。

（7）每月检查工艺区紧急关断按钮是否完好，电缆是否存在破损等。

五、注意事项

（1）当 HIMA H51 或者 H41 处于运行状态时，CPU 模块上数显框会显示 RUN 字样。

（2）工作环境温度不能超过 60℃。

（3）确保接地保护及防静电措施。

（4）进行保养过程中，应有专人进行监护，防止误碰设备操作紧急关断。

（5）现场及站控室紧急关断按钮应悬挂"非紧急情况勿动"警示牌，防止误操作。

第六章　火气、消防和放空系统

第一节　火气系统

一、工作原理

当探测器探测到火灾信号时，火气报警盘将产生报警的探测器编号及相关信息显示出来，同时发出报警信号，并触发声光报警器产生声报警，提醒值班人员采取紧急措施。

二、系统组成

火气系统由感温探头、烟感探头、手动报警按钮、可燃气体探头和火灾报警显示盘(包括火灾报警显示盘、可燃气体报警显示盘或一体式)、报警控制计算机等组成。如图6-1所示。

图6-1　火气系统组成图

三、技术指标

1. 智能电子感温探测器

智能电子感温探测器具有如下特点：

（1）具有定温/差温双重性能，工作电压：24VDC。

（2）报警确认灯：红色。报警时红灯闪烁，确认时红灯常亮。

（3）通用底座要求：有 4 个导体片，片上带接线端子，底座上不带定位卡。

（4）编码方式：电子编码，可用手持编码器进行编码及性能检查。

（5）接线方式：无极性两总线接线。

（6）安装地点：各监测区域房间的吊顶上。

（7）探测器信号线将接到各站的火灾报警盘上。

2. 智能光电烟感探测器

智能光电烟感探测器具有如下特点。

（1）工作电压：24VDC。

（2）报警确认灯：红色，报警时红灯闪烁，确认时红灯常亮。

（3）通用底座要求：有 4 个导体片，片上带接线端子，底座上不带定位卡。

（4）编码方式：电子编码，可用手持编码器进行编码及性能检查。

（5）接线方式：无极性两总线接线。

（6）安装地点：各监测区域房间顶部。

（7）探测器信号线将接到各站控制室的火灾报警盘上。

3. 手动火灾报警按钮

（1）带有防护罩，敲碎玻璃型。

（2）名称标牌：316SS。

（3）防爆等级：在工艺区防爆等级不低于 ExdⅡBT4，非防爆区无此要求。

（4）工作电压：总线 24VDC。

（5）接线方式：二总线无极性。

（6）报警方式：中断式报警，后快速闪亮，报警响应快，应有专用钥匙复位。

（7）安装位置：手动火灾报警按钮安装在公共场所和工艺装置区便于操作位置。

（8）高度宜在其报警按钮底边距地面 1.3~1.5m 处。

4. 声光报警器

（1）具备独立编码地址。

（2）灯闪信号和声音信号可同时或分开输出。

（3）工作电压：DC24V。

（4）名称标牌：316SS。

（5）接线方式：二总线无极性。

5. 可燃气体探头

（1）带变送器的红外可燃气体探头，三线制。

（2）输出信号：4~20mADC，供电为 24VDC。

（3）检测范围：0~100%LEL。

（4）名称标牌：316SS。

（5）防爆等级：ExdⅡBT4（最低要求）。

（6）全天候结构，外壳防护等级：IP65。

（7）带防尘、防雨罩。

6. 火气报警显示盘

（1）供电：主电源 220VAC，50Hz。

（2）备用电源：24VDC 免维护蓄电池。

（3）显示：LCD 或 LED。

（4）配备声光报警器，可发出声光报警信号。

（5）工作电压：24VDC。

（6）额定电流：≤80mA。

（7）声压级：> 88dB。

（8）发光次数：30 次以上/min。

（9）颜色：红色。

（10）安装方式：柜式安装。

（11）安装地点：站场控制室。

（12）带各种测试及复位按钮，并有确认按钮，能输出相应的故障信息。

7. 仪表盘

仪表盘将安装在站场控制室内，用于盘装火气报警系统，并预留一定空间安装其他仪表及配线。仪表盘中的 24VDC 电源应按冗余配置，断路器/开关等应留有 50%备用量。

8. 报警控制器

报警控制器分为 JB-BD-XSS601 型可燃气体报警控制器和火灾报警控制器（联动型）。

（1）可燃气体报警控制器。JB-BD-XSS 601 型可燃气体报警控制器系列是一个可以按用户要求配置、可编程的多通道气体报警控制系统，用于监测多达 24 个现场设备。根据用户的配置要求实时显示每一个输入通道的读数、设备状态和提供报警继电器输出，同时可以接收和监测 4~20mA 输入信号，闭合触点型输入信号，输入有序的24 个设备信号。其技术规格如下：

电气等级：防水外壳 IP64，现场壁挂安装；

尺寸：623mm×415mm×200mm（长×宽×深）；

输入电压：AC220V±15%50Hz±1%；

功率：≤150W；

输出：24V/5A；

备用电源：两节 DC12V/7AH 可充电电池串联工作>2h；

工作方式：连续工作；

环境条件：温度-10~50℃，湿度<95%RH；

探测器供电电压：DC24V±25%；

输入信号：4~20mA；

控制器与探测器连接电缆要求：≥RVVP4×1.5mm^2；

可编程联动继电器：9 个，3 个总继电器输出，故障/一级/二级无源触点，容量为 AC220V/1A；

控制器容量：24 通道；

响应时间：<5s；

显示方式：7in 液晶触摸屏，手报、最新报警状态，报警浏览，报警查询；

声报警：95dB；

可储存 1000 条报警记录，便于查询。

（2）火灾报警控制器（联动型）。JB-QB-CH 8800 火灾报警控制器（联动型）（以下简称控制器），采用液晶汉字显示，具有显示清晰、操作简便等特点。可配接探测器和模块等，自带 8 路多线盘，通过软件编程，实现手动及自动控制，能同屏显示报警及联动等信息。采用壁挂式结构。

环境温度：0~40℃；

相对湿度：90%~95%（40℃±2℃）；

直流备电：24DCV，4.5Ah；

主电源：220ACV（187~242V），50Hz±1%；

输出电流和电压：3A/24V（不包括外部输出）；

外部输出：2A/24V（隔离地）；

质量：17.5kg；

尺寸：（长×宽×高）430mm×125mm×600mm；

单机回路可带 198 个报警、联动点；

8 路多线联动控制盘，实现 8 路多线联动；

单机可接 8 台火灾显示盘；

1 个火警继电器，有火警信息时，火警继电器动作；

1 个故障继电器，有故障信息时，故障继电器动作；

1 个复位继电器，有复位信息时，复位继电器动作。

四、操作程序

1. 可燃气体报警控制器

（1）运行。开机后，系统自动进入封面，自动进行灯检、蜂鸣器自检等动作。完成后，系统自动进入监控画面。

（2）用户权限。普通用户权限：只可以进行事件浏览、数据查询等操作，不可进行任何设置。

管理员权限：除普通用户权限外，还可进行通道设置、报警设置、数据存储及数据打印等操作。

（3）画面浏览。主监控画面中，展示了探测器的具体描述及通道号，实时显示检测浓度值以及当前的状态等信息。

（4）事件浏览。系统默认进入的画面为监控窗口。用来查看报警、故障及消音复位等历史事件报表。

（5）数据查询。查看历史数据。

（6）通道设置。可进行探头型号选择及对各通道探头的量程上下限进行设定。

（7）报警设置。可以对各通道的一级报警值和二级报警值进行定义，也可对各通道进行报警联动定义。

（8）数据存储、打印。可进行数据保存以及打印历史存盘数据。

（9）状态栏及报警、故障弹窗。状态栏从左到右依次是总探测器数量、当前故障数、二级报警数量、一级报警数量、当前屏蔽数量以及报警总数。

当出现报警时，无论系统处于哪个页面，都会弹出滚动栏，滚动播放报警及顺序。

当液晶屏后面的 9 芯通信口拔掉，或通信线路故障时，则会出现液晶通信故障提示，会在页面中弹出故障提示窗口，通信恢复后，30s 内，警告窗口关闭。

（10）消音、复位。

消音：当某通道发生故障时，监控主窗口中该通道框体会"黄色闪烁"，当发生报警时，该通道的数值显示背景会"红色闪烁"，并且蜂鸣器会发生持续故障音或火警音。按屏幕旁的硬件消音按钮进行消音。此时消音指示灯亮起。

复位：按硬件复位按钮可对系统进行复位，即对所有探头及回路板重新上电。复位后一级报警、二级报警、报警总数等状态栏会全部置零，报警滚动窗关闭、消音指示灯灭。

2. 联动型火灾报警控制器

（1）开机。

原则：先开主电开关，后开备电开关；先开电源盘（箱）开关，后开控制器开关；

先开从机开关，后开主机开关。控制器部分开机后，再打开消防电话主机、消防广播主机、功放、图形显示装置等。

开机时注意事项：主电是否正常；备电是否正常；电源盘（箱）电压输出是否正常；各个指示灯、液晶屏是否正常点亮，声音是否正常；是否显示回路短路。

控制器开机时的正常显示过程：依次点亮指示灯、液晶屏，显示各种信息，然后检测总线和通信线上所连接的设备。

开机后注意事项：查看时间、日期显示是否准确；报警控制器报警是否正常；联动设备在手动盘上手动启动设备是否正常；有无异常现象出现；如有外界强干扰造成死机，可关机后重新开机看能否恢复正常。

（2）系统操作常识。

报警系统：消防报警系统投入使用时，在消防监控室应有竣工平面图，竣工平面图上应标明设备位置及编码，如果没有，应向安装公司索取。值班员应牢记整个系统的探测器/手报的数量，还要熟知现场报警设备的具体位置。也可安装消防控制室图形显示装置，可直观显示设备位置，便于管理，快速定位报警位置。

联动系统：应牢记整个联动系统的监视、控制点总数、各点对应的具体设备及手动盘上相应的按键，还有被控设备的位置及作用。

一旦发生火情，应能正确操作和处理。手动启动，通过操作控制器的主机键盘或按相应点的启动键，使设备动作；在控制器处于"自动"允许状态时，当逻辑条件满足要求时，相应设备自动启动。若控制气体喷洒设备，还应使气体灭火控制器处于自动状态。模块动作后，可通过按控制器的模块复位功能或手动盘的相应按键使其复位。

（3）火灾控制器应急操作说明。火灾控制器应急操作流程如图6-2所示。

五、检维修要点和常见故障处理

1. 可燃气体报警控制器

系统在长期运行过程中，需定期进行声光、报警功能、报故障功能和联动功能的检查。控制器出现故障后要及时通知厂家或厂家在当地的办事机构以便及时派人修理，以防造成不必要的损失。

下面提供几项可由用户管理人员进行处理的故障以供参考。当控制器运行不正常时，可从以下几个方面进行处理：

（1）检查电源单元上的保险是否完好；

（2）检查控制器机箱内各部件之间的接插件是否接插完好；

（3）关闭控制器，去掉建筑物布线后再接通电源，如果故障现象消除则表明布线或现场设备有故障；

（4）如有部件可更换，换下的部件应及时送回厂家修理。

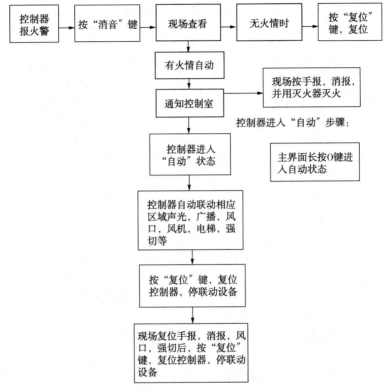

图 6-2　火灾控制器应急操作流程

2. 联动型火灾报警控制器

故障一般可分为两类：一类为主控系统故障，如主备电故障、回路短路等；另一类是现场设备故障，如探测器故障、模块故障等。故障发生时，可按"消音"键中止故障警报声。具体故障原因及处理方法见表 6-1。

表 6-1　联动型火灾报警控制器故障原因及处理方法

故障类型	原因	处理方法
主电故障	无交流电； 交流电开关未开； 交流保险断； 控制器及电源问题	恢复交流供电； 打开交流电开关； 更换同规格保险； 与厂家技术服务部联系
备电故障	备电开关未开； 备电连线未正确连接； 备电保险断； 备电欠压或控制器问题	打开备电开关； 正确连接； 更换同规格保险； 与厂家技术服务部联系
回路短路	总线线间短路	先关机然后找安装公司解决

续表

故障类型	原因	处理方法
现场设备故障	1. 报某一点位故障：可能是线(联动 4 总线，报警 2 总线)断，设备丢失，设备接触不良(探头与底座)，设备损坏等原因； 2. 报多个位置相邻设备的故障：可能是局部线路断路，或因线路短路，导致隔离器动作； 3. 报所有设备故障：可能是总线保险断或本回路总线断路	1. 接触不良的重新安装，若仍不正常，则分别测量现场设备信号总线与电源线线间电压，回路间正常电压在 14~24V 之间跳变，联动电源间正常电压在 24~26V 之间，如线间电压不正常，找安装公司处理，如设备损坏与厂家技术服务部联系； 2. 找安装公司处理； 3. 找安装公司处理
控制器巡检设备	该路总线断路； 控制器损坏	找安装公司处理； 与厂家技术服务部联系
通信(从机通信不全或报从机故障)	通信线断路； 从机未开机或开机顺序不对； 外部干扰或布线与要求不符； 主机或从机故障	找安装公司处理； 重新按正常顺序开机； 消除干扰或按要求重新布线； 与厂家技术服务部联系
控制器不开机	交流和备电电压均未正常投入； 控制器故障	见主电、备电故障处理； 与厂家技术服务部联系
探测器误报	环境恶劣或使用场所不当； 探测器污染或产品故障； 多点误报可能是线间电阻过低(探测器进水或总线搭地)	改善环境或变更场所； 清洗或更换； 更换进水探测器或排除线路故障
特殊现象	环境及外部原因	关机后重新开机，看设备是否恢复正常，如不正常，与厂家技术服务部联系

第二节　消防系统

一、工作原理

武汉分站工艺介质为天然气，属易燃易爆甲类危险品，火灾危险类别甲类。按照"预防为主，防消结合"的原则，针对保护对象的特点，合理设置了消防设施，防止和减小了火灾危害，保护了人身和财产安全。站场等级划分为五级站场，除主要生产厂房(流量检定厂房)和综合楼需要设置消防给水外，其他生产设施及建构筑物均不设消防给水系统。该站场消防用水与武汉输气站共用消防池；改造柴油消防泵设施作为站场主消防泵，武汉输气站原消防泵作为辅助消防泵。

柴油消防泵如图6-3所示。其工作原理如下：在柴油机汽缸内，经过空气滤清器过滤后的洁净空气与喷油嘴喷射出的高压雾化柴油充分混合，在活塞上行的挤压下，体积缩小，温度迅速升高，达到柴油的燃点。柴油被点燃，混合气体剧烈燃烧，体积迅速膨胀，推动活塞下行，称为"做功"。各汽缸按一定顺序依次做功，作用在活塞上的推力经过连杆变成了推动曲轴转动的力量，从而带动曲轴旋转。

图6-3　柴油消防泵

柴油消防泵的运行状态显示包括：守候、开机、供油、启动、启动延时、怠速延时、正常运行、冷却停机、紧急停机。设备运行参数显示包括：水泵转速、水泵扬程、冷却温度、润滑油压力、水泵流量、运行时间、燃油存量、启动电池电压等。设备保护设置包括：超速、低速、低油压、高冷却温度、低气温（低于4℃）、低燃油位、低电池电压、高电池电压、转速信号未校准和水泵水压过低及超流量等预报警；无转速信号、超速、低速、低油压、高冷却温度、启动失败、停机失败、油压传感器开路/短路、水温传感器开路/短路、速度传感器开路/短路、水泵水压过低及超流量等自动报警。

二、系统组成

消防系统主要由柴油消防泵、消防栓、消防水箱、消防池及消防管网组成。

三、技术指标

1. 柴油消防泵技术指标

型号：XBC6.0/40；

流量：40L/s；

扬程：60m；

柴油机功率：92kW；

转速：1500r/min；

环境温度：-25~55℃；

空气相对湿度：9%~95%；

海拔高度：小于等于2500m。

2. 其他设备技术指标

消防水池尺寸：14m×10m×3.3m；

水箱有效容积：9m^3。

灭火器配置见表6-2。

表6-2 灭火器配置表

单元名称	手提式灭火器	数量/具	推车式干粉灭火器	数量/具
消防泵房	MF/ABC4	2		
检定厂房	MF/ABC8	12	MFT/BC50	12
综合楼	MF/ABC8	76	MT7	10
平面管网	MF/ABC8	4	MFT/ABC20	4

四、操作模式

（1）消防水箱-消防栓。消防水箱用水来源为市政用水，位于综合楼顶部。主要用于综合楼区域的消防工作。

（2）消防池-消防泵-消防栓。消防用水与武汉输气站共用消防池，当有紧急情况发生时，柴油消防泵从消防池抽水，然后连接到消防栓进行灭火处理。主要用于检定厂房及工艺流程区的消防工作。

五、检维修要点和常见故障处理

1. 柴油消防泵常见故障及处理

柴油消防泵常见故障及处理方法见表6-3。

表6-3 柴油消防泵常见故障及处理方法

常见故障	原因	处理方法
泵不出水	1. 填料处漏气； 2. 吸入、排出管，叶轮被杂物阻塞； 3. 泵反转； 4. 吸入管段有漏气现象	1. 调整填料松紧或更换填料； 2. 清除杂物； 3. 调整电机转向； 4. 检查漏气部分并及时处理

常见故障	原因	处理方法
流量不足	1. 吸入管段有漏气现象； 2. 吸入管径过小或有杂物阻塞； 3. 叶轮腐蚀严重或磨损严重； 4. 密封环磨损； 5. 转速不足	1. 检查漏气部分并及时处理； 2. 清除杂物或更换吸入管； 3. 更换叶轮； 4. 更换密封环； 5. 提高电机转速
扬程不足	叶轮腐蚀严重	更换叶轮
吸气时间过长	1. 吸入管过长，过粗； 2. 吸入管段有漏气现象； 3. 橡胶密封体阀片密封不严或老化	1. 更换叶轮； 2. 检查漏气部分并及时处理； 3. 更换密封垫
泵振动严重	1. 泵与电机轴不同心； 2. 泵安装基础不平； 3. 泵轴弯曲	1. 调整电机和泵轴中心； 2. 重新调整泵安装的水平度； 3. 卸下校直或换新轴
电机过热	电压低	及时停机并检查供电电压
泵轴过热	1. 润滑油不足； 2. 泵与电机轴不同心	1. 添加润滑油至合适油位； 2. 调整电机和泵轴中心

2. 检查及维护保养

（1）日常检查。

① 检查外观是否存有卫生死角。

② 检查电缆接头是否松动。

③ 检查阀门状态是否正确。

④ 盘泵 3~5 圈。

⑤ 检查各连接处动、静点是否渗漏。

⑥ 检查油位是否在规定范围内。

⑦ 每周启泵运行 30min，检查压力是否满足要求，设备有无振动、异响，电机、泵体有无发热情况。

⑧ 每周检查仪表、附件是否灵敏可靠，密封是否良好。

⑨ 每周检查相关设备记录是否准确、齐全。

（2）半年检查。检查机械油是否清洁。每半年更换一次机械润滑油（泵用油为 20~30 号机械油，不同型号不可混合使用，新泵运转 200h 必须更换机油），更换机械润滑油前应先运转消防泵后进行排放。

（3）维护保养方法。

① 确保设备卫生清洁，无锈蚀。

② 对松动部件及时紧固。

③ 对有渗漏部位进行判断、整改。

④ 盘泵 3~5 圈,判断润滑是否良好,及时添加润滑油。

⑤ 油位在标尺范围内,半年更换一次有机润滑油(泵用油为 20~30 号机械油)。

⑥ 叶轮和密封环的间隙,因磨损而超过最大允许值的两倍时,应更换密封环。

⑦ 确保出口阀门密封良好,出现泄漏及时维修、更换。

⑧ 及时填写相关记录。

六、注意事项

(1)为保证机房通风良好,温度不超过 40℃,机房应设置足够的通排风口。当自然通风不能满足通风散热要求时,应在通风口分别安装进排风机,以增强机房通风性能。

(2)为保证机房内空气新鲜,避免大量热量散发在室内,降低噪声,应将柴油机排气管用石棉包裹接到室外并加装防雨装置或 30°朝下安装,并加装消声器。排气管弯管尽可能少,弯管弯曲半径应大于排气管外径的 2.5 倍,对排气管路的支撑应考虑降低振动且避免其重量加在柴油机上等因素。

(3)消防泵进出口管网的安装,应注意其重量不允许加在消防泵上以免泵受损和影响其运行性能。

第三节　天然气放空系统

一、工作原理

武汉分站的设备、管道放空至武汉输气站已建放空系统。整个站场设置了一套紧急放空系统,主要用于排放、燃烧生产装置在事故状态下排出的可燃气体和生产装置开、停车时排放的可燃气体。由于本工程的放空量非常小,并且使用时间和次数很少,所以本工程没有新建放空火炬系统,而是依托原武汉输气站的放空火炬系统;本工程设置了 1 条 DN100 的放空管线与武汉输气站放空火炬系统入口管线相连,为了安全考虑,在这条 DN100 的放空管线上设置了阻火器。

武汉输气站设有 DN350 火炬放空系统,放空主管 D355.6X8,材质 16Mn,低压放空管线 DN50。为确保武汉输气站和计量检定站放空相对独立,互不影响,计量检定站放空系统独立引自火炬底部再接入放空总管。管道从计量检定站西围墙出站,顺护坡向西穿过排水沟和湖北省天然气门站管道,再向北敷设,穿过站北侧乡村道路后进入放空区,在已建放空总管阻火器后对接,对接采用开马鞍口形式对焊,并采用等面积补强。

二、系统组成

　　放空火炬系统主要包括火炬本体、地面工艺管线、自动点火系统和应急备用系统，放空阀、止回阀及阻火器。火炬本体由火炬头、火炬筒体、火炬点火管线和电磁阀等组成。自动点火系统由流量开关、压力开关、引火筒燃烧器、高空点火装置、点火嘴、点火高压线、火焰检测器和自动点火 PLC 控制系统等组成；应急备用系统由就地控制箱和手动控制阀等组成。计量检定站设两条放空工艺管道，一条承担安全超压放空和应急放空，以及防雨防晒棚下工艺装置维护检修放空，管道口径 D273X13，材质 Q345E，设计压力 2.0MPa；另一路承担检定管路拆、装流量计作业的手动放空，管道口径 D114X7，材质 Q345E，设计压力 2.0MPa。

三、技术指标

1. 火炬放空系统
系统尺寸：DN350；
放空主管：D355.6X8；
材质：6Mn。

2. 放空管道一
管道口径：D273X13；
材质：Q345E；
设计压力：2.0MPa。

3. 放空管道二
管道口径：D114X7；
材质：Q345E；
设计压力：2.0MPa。

四、操作程序

（1）关闭管线两端的阀门，切断气源。
（2）缓慢打开放空阀，控制好防控速度。点火时应先点火后放空。
（3）当放空火焰低于1m时，关闭放空阀。
（4）放空完毕后，详细记录相关数据。

五、检维修要点及常见故障处理

1. 常见故障及处理
（1）接通高空点火器电源后点火器不工作。可检查点火器与输出电缆、导电杆、电嘴之间的连接是否牢固，并连接可靠。检查点火器内部放电管、电容器或变压器是否损坏，更换损坏的电器。

（2）点火器正常工作但无法点燃引火筒。可检查电磁阀、截止阀等阀门是否处于开启状态，检查工艺管线和引火筒喷嘴是否被焊渣等残留物堵塞，保证燃料气体能到达引火筒出口。

（3）点燃引火筒和火炬后，PLC 无火焰信号。可检查火焰检测器与热电偶连接电缆是否连接牢固，并连接可靠；检查热电偶是否损坏，若损坏，则更换。

2. 维护保养

（1）定期检查火炬点火装置各部件连接是否良好，并连接可靠。

（2）定期检查天然气压力及管线中是否有冷凝液，有则排除。定期打开火炬底座上排污阀排污。

（3）装置长期不用时，应定期操作一次，保持装置处于无故障状态。

第七章　站场安全操作制度

第一节　流量计拆装安全操作制度

主要是适用于工作标准装置计量检定工艺流程中被检流量计安装和拆卸的全部操作。

一、流量计安装作业

1. 氮气置换

（1）注氮范围。检定支路上下游强制密封阀之间管段。

（2）注氮口、检测点及放空点。

注氮口：所选检定支路注氮口；

检测点：所选检定支路下游压力表放空口；

放空点：武汉输气站放空管路。

（3）置换步骤。

① 根据流量计的口径选取合适的检定支路。

② 关闭所选检定管段的前后强制密封阀，打开放空阀放空，让管道内天然气以不高于 0.5MPa/min 的降压速度进行放空，观察压力表读数，放空至微正压后关闭放空阀。

③ 放空完成后，打开液氮装置出口阀 BV426，缓慢打开所选检定支路注氮阀和放空阀对检定管段进行氮气置换，在检测口处检测甲烷含量，当甲烷含量低于 0.5% 时，3min 以内连续确认，视为置换完成。

④ 关闭放空阀、注氮阀。

⑤ 氮气置换完成后拆卸直管段及被检流量计短接管（或原流量计）。

2. 被检流量计的安装

（1）将手动液压伸缩器打到最短的位置。

（2）根据流量计的口径选取合适的变径管、直管段组。

（3）安装检定管段上游变径管。

（4）变径管后依次安装 10D 直管段、板式整流器、10D 直管段，上游管段安装完毕后固定支架。

（5）安装检定管段下游变径管。

（6）在变径管前安装下游直管段，固定支架。

（7）用行吊将被检流量计升至与检定台位直管段高度一致。

（8）调节手动液压伸缩器至合适位置，安装被检流量计。

3. 氮气置换

（1）注氮范围。所选检定支路上下游球阀之间管段。

（2）注氮口、检测点及放空点。

注氮口：检定支路注氮口；

检测点：检定支路下游压力表放空口；

放空点：检定支路放空口。

（3）置换步骤。

① 打开液氮装置出口阀 BV426，缓慢打开所选检定支路注氮阀、放空阀对检定管段进行氮气置换。

② 在检测点检测氧气含量，当氧气含量低于 2% 时，3min 以内连续确认，视为置换完成。

③ 关闭所选检定支路注氮阀、放空阀和液氮装置出口阀 BV426。

4. 天然气置换氮气

（1）缓慢打开所选检定支路旁通阀，控制管道内气体流速，使管道内气体流速不大于 5m/s，同时打开所选检定支路放空阀进行放空。

（2）一段时间后利用 Impulse X4 便携式可燃气体检测仪在检测口处检测甲烷含量，当 Impulse X4 检测仪显示甲烷值达到 93%，并且在 3min 以内连续检测结果显示有增无减时，认为天然气置换完成。

（3）关闭旁通阀、放空阀。

5. 天然气升压

（1）确认所选检定支路上下游强制密封阀处于关闭状态。

（2）缓慢打开所选检定支路上游球阀平衡阀，使检定管段缓慢升压。

（3）观察压力表读数，当管道内气体压力升至 2.5MPa 后关闭平衡阀，进行稳压检漏，稳压时间不得少于 10min，合格后缓慢打开平衡阀，对管道继续升压。

（4）观察压力表读数，当管道内气体压力每升高 0.5MPa 后关闭平衡阀，进行稳压检漏，稳压时间不得少于 10min，合格后缓慢打开平衡阀，重复以上升压过程对管道继续升压，直至升至与川气东送干线压力一致。

（5）当管道内气体压力升至川气东送干线压力后，关闭平衡阀，打开强制密封阀，稳压 30min 后进行检漏，确认无泄漏为合格。

（6）作业完成后，现场整洁、工器具摆放整齐。

6. 检漏

在升压过程中，需要对法兰连接处进行检漏。方法如下：

（1）用验漏液涂抹所有连接处，观察是否有气泡产生。

（2）发现泄漏后，应立即上报，由抢修人员处理。

二、流量计安装作业

1. 氮气置换

检定管路的氮气置换。

（1）注氮范围。所选检定支路上下游强制密封阀之间管段。

（2）注氮口、检测点及放空点。

注氮口：检定支路注氮口；

检测点：所选检定支路下游压力表放空口；

放空点：武汉输气站放空管路。

（3）置换步骤。

① 流量计检定/校准工作完成后，关闭检定管段前后强制密封阀；

② 打开检定管段上的放空阀，对管段进行放空，观察压力表读数，放空至微正压后关闭放空阀；

③ 打开液氮装置出口阀门BV426，检定支路注氮阀和放空阀，对检定管段进行氮气置换；

④ 在检测口处检测甲烷含量，当甲烷含量低于0.5%时，3min以内连续确认，视为置换完成，关闭放空阀；

⑤ 观察压力表示值，压力升至微正压后关闭注氮阀、放空阀。

2. 被检流量计的拆卸

氮气置换完成后拆卸被检流量计。

3. 用短接管代替流量计连接至检定管段

（1）选择合适的短接管段。

（2）将手动液压伸缩器打到最短的位置。

（3）用行吊将短接管升至与检定台位直管段高度一致。

（4）调节手动液压伸缩器至合适位置，安装直管段。

4. 氮气封存

（1）注氮范围。检定支路上下游强制密封阀之间管段。

（2）注氮口、检测点及放空点。

注氮口：检定支路注氮口；

检测点：所选检定支路下游压力表放空口；

放空点：武汉输气站放空管路。

（3）置换步骤。

① 打开液氮装置出口阀门 BV426，检定支路注氮阀和放空阀，对检定管段进行氮气置换；

② 在检测点检测氧气含量，当氧气含量低于 2% 时，3min 以内连续确认，视为置换完成；

③ 观察压力表示值，压力升至微正压后关闭注氮阀、放空阀；

④ 对法兰连接处进行验漏，确认无泄漏后氮气封存完成。

5. 检漏

在置换过程中，需要对法兰连接处进行检漏，方法如下：

（1）用验漏液涂抹所有连接处，观察是否有气泡产生。

（2）发现泄漏后，应立即上报，由抢修人员处理。

三、注意事项

（1）本作业启动条件是接到生产技术部下发的检定任务书。接生产技术部指令后，值班人员要做好相关记录。

（2）操作人员穿戴合适的劳保用品，并持有相应的操作证。

（3）各类操作工具、设备专用工具及材料准备齐全、完好，摆放整齐。

第二节　行吊安全操作制度

行吊通过吊钩或其他取物装置起升或起升加移动重物。起重机械的工作过程一般包括起升、运行、下降及返回原位等步骤。起升机构通过取物装置从取物地点把重物提起，经运行、回转或变幅机构把重物移位，在指定地点下放重物后返回到原位。

一、设备操作

全面检查起重机整机安装质量正确无误，清除大车轨道上、起重机上及试验区域内妨碍负荷试验的一切物品；准备好负载试验用的材料（物料不得超过规定的数值），与试验无关人员必须离开起重机和试验现场。

1. 无负荷试车

（1）不吊负荷，接通电源，开动各机构使其运转，检查起升限位、大小车运行限位的准确性和灵活性，检查各极限位置是否符合设计要求。

（2）开动各机构反复运行三次，观察各机构运行情况，注意小车电缆导电装置。

2. 负载试车

起升额定负载，要求负载应从小到大逐渐加至额定负载。在桥架全长往返运行三次，不出现异常，卸去负载时小车停在跨中，定出测量基准。起升 1.25 倍额定负荷，离地面 100mm 左右，悬停 10min，卸去负荷，分别检查起升负荷前后悬柱上的刻度，反复试验最多 3 次桥架不再产生永久变形（即前后两次所检查的刻度值相同）。试验后，如果未见到裂纹、永久形变、油漆剥落及其他对起重机性能及安全的影响，连接处无松动，即认为试验合格。

3. 动载试验

起重机动载试验荷载为 1.1 倍的额定载荷。分别开动各机构（也可同时开动各机构），试验中，对每种动作应在其整个运动范围内做反复启动和制动，并按其工作循环，试验至少延续 1h。试验后，起重机各功能正常，没有发现机构或结构损坏，连接处无松动或损坏即认为试验合格。

二、检维修要点及常见故障处理

行吊的检维修要点及常见故障处理方法见表 7-1。

表 7-1 行吊的检维修要点及常见故障处理方法

故障现象	可能原因	处理方法
不能启动或启动后电机不转，转速低于额定值	1. 过渡超载； 2. 电压比额定电压低 10% 以上； 3. 电器有故障，导线断开或接触不良； 4. 电源未接通； 5. 熔丝烧断	1. 不允许超载使用； 2. 等电压恢复使用； 3. 检修电器与电路； 4. 检查空气开关或接触器触电； 5. 查找烧断原因，排除故障后，更换熔丝
制动不可靠，下滑距离超过规定要求	1. 制动环与后端盖锥面接触不良； 2. 制动面有油污； 3. 制动环松动； 4. 压力弹簧疲劳	1. 拆下修磨； 2. 拆下清洗； 3. 更换制动环； 4. 更换弹簧
电机温升过高	1. 超载使用； 2. 作业过于频繁； 3. 制动器间隙太小； 4. 电压比额定电压低	1. 不允许； 2. 按 FC25% 工作制； 3. 重新调整间隙； 4. 调整电压正常
重物升至半空中，停车后不能再启动	1. 电压过低或波动较大； 2. 过渡超载	1. 等电压恢复正常后再启动； 2. 不允许超载使用

三、注意事项

（1）起重机（包括电葫芦）严禁载人作业，重物下严禁站人。

（2）起重机（包括电葫芦）钢丝绳用楔形接头必须按照 GB 5973—86 的有关规定进行，钢丝绳绳头预留长度 200mm，并安装两个绳夹将楔形接头处钢丝绳封闭锁紧，严禁无证安装、维修及操作使用设备。

（3）起重机（包括电葫芦）使用完后，吊钩高离地面高度≥2m。

（4）用户必须在减速器内注油后才能试机、启用。

第三节　叉车安全操作制度

防爆叉车和普通叉车的不同处主要在电路上，对电路的要求很高，尤其是电动机，如：行走电动机、转向电机和液压提升电机，电动机在转动的时候会产生火花。在一些特殊的场合，普通叉车会产生危险，所以进行了特别的防护、隔离，或者是密封。防爆叉车进行了全屏蔽的处理，有的采用交流电动机。因为交流电动机在工作的时候没有火花，所以是比较安全的。电线之间的连接，都做了特别的处理并进行了防护。

一、设备操作

对于叉车的操作，具有如下要求：

（1）穿戴好劳保用品。只有经过培训并考核合格的持证操作人员才允许操作叉车。叉车禁止搭乘其他人员。

（2）启动前检查水、机油、燃油、刹车油是否正常；有无泄漏、变形、松动；刹车、灯光、喇叭、轮胎及轮胎气压等是否正常可靠。检查蓄电池电极柱导线有无松脱，蓄电池是否有电等情况，忽视检查会缩短车辆寿命，在恶劣情况下将会导致事故发生。

（3）工作前擦去底板、脚踏板及操纵杆上的油、脂或水。

（4）启动前确认：叉车周围无人；前后换向杆处于空档。

（5）人坐稳后方可操作。叉车启动前，调整好座椅位置，便于手、脚操纵。叉车鸣喇叭示警后再启动。起步、转弯、后退应鸣号，确认方向安全行驶。

（6）检查发动机及关联部件时，关掉发动机，尤其注意保持和风扇、风扇皮带的距离。

（7）检查水箱或消声器时，注意不要被烫伤。确保在定期检查中更换"关键安全零件"。

（8）一旦发现车辆工作不正常，应停车并报告管理人员。

（9）不得使用明火检查燃油油位、电解液或冷却水有无泄漏。检查电瓶、加注燃油或检查燃油系统时，不许吸烟，以防爆炸。发动机运转时不得向油箱加油。工作场所应配置灭火器。

（10）叉车运行路面是坚实、平整的混凝土路面或适用于车辆运行的相类似路面。

（11）操作前，预热叉车水温至 70℃；操作结束后待发动机空运转一会儿再熄火。水温高于 70℃时，切勿打开水箱盖。

（12）叉车在封闭空间内工作时，应确保有足够的通风口。不要在封闭空间内工作过长时间，因为排烟有毒。

（13）叉车行走时切勿上下车。上、下车时应等叉车停稳，并使用叉车的安全踏板和安全扶手。

（14）停车时停在平地上，拉起手制动。禁止停在陡坡上。若必须停在小坡道上，一定要用楔块垫在轮胎下，货叉降到地面并略前倾，关掉发动机取下钥匙。

（15）驾驶叉车必须集中精力，操作时应平稳、准确，避免急停、急开或急转向。

（16）控制速度并遵守交通信号及交通规则。出入厂门、路口及转弯处时速不得超过 5km/h；车间内行驶时速不得超过 5km/h；夜间行驶，在远距离不平的路面上容易失误，应控制速度并能安全制动，灯光必须齐全。

（17）注意行驶方向，保持良好视野。驾驶员头、手、脚不得伸出驾驶室外。

（18）不允许其他人坐或站在货叉、托盘、叉车上。人严禁在货叉下站立或行走。

（19）下坡行驶时，发动机怠速运转，同时应断续地踩制动踏板。

（20）运行中，保持标准运行状态，即货叉离地 15～30cm 行驶。

（21）带侧移器的叉车货叉负载升高时不要作侧移操作，以免叉车失去平衡。

（22）通过垫板或桥板时，确认其正确固定并有足够的强度承受叉车重量，预先检查工作场地的地面状况。

（23）搬运有碍视线的超长超大货物时，需倒车行驶或由向导引导，由向导引导时，必须确实理解其手、旗、口哨或其他信号的意思。转弯或在狭窄的通道上行驶时必须充分注意前后端，留心其他人员是否在叉车的运行区域内。

（24）在拥挤的场所作业时，倒车和转向时须十分小心，注意观察车间卷帘门高度、岔道及其他障碍物，防止压伤他人和后轮胎被割破。

（25）确保货物重心平放在两货叉最佳位置，避免重心放在叉尖，在凹凸不平的路面行驶需要更加小心。

（26）叉车运行应远离乙炔、氧气瓶和化学物质，消声器排出的废气有引起燃烧或爆炸的危险。

（27）负载时倒车下坡、前进爬坡，空载与负载时相反，不要在坡道上转弯，以免倾翻。

（28）负载运行时，门架后倾并尽量降低货物高度。

（29）避免急刹车或快速下坡，避免急停、急开或急转向，以免货物落下或翻车。紧急制动危险。

（30）叉车完全停下后方可换向行驶。

（31）根据所装货物的形状和材料，选择适当的属具和工具。小件货物必须使用托盘。

① 不要用绳索挂在货叉或属具上起吊货物，绳索可能会滑脱，如有必要，让有吊装操作资格的人用吊钩或起重臂实施。

② 注意不要让货叉触及路面，装卸货物应与路边石隔开 10cm 左右，以免损坏路面和路边石。

③ 禁止用人作为附加平衡重。

（32）各种属具，如旋转夹、平抱夹、侧移叉、起重臂等，它们只能专用。如需改装属具，必须经主管部门许可，严禁自己改装属具和货叉。

（33）防止护顶架被高处货物击中。挡货架保证装载稳定。不允许使用无护顶架和挡货架的叉车。

（34）严禁将头、身体伸进门架与护顶架之间。一旦夹住，就有生命危险。严禁将手伸入内、外门架之间。

（35）从堆垛中取货物时，应鸣号示警，正面进入该区域，并将货叉小心地插入托盘和货物。

（36）禁止以高速装载货物，货叉起升前应确保货物固定可靠。起升货物前稍作停顿，确定无障碍物后再起升。

（37）保证货物捆包牢固并平放在两货叉上，禁止用单叉起升货物。

（38）叉车在倾斜地面时不要起升货物，避免在坡道进行装卸作业。

（39）货物堆高不要超过挡货架，不可避免时，应把货物固定牢固。搬运大体积货物有碍视线，应倒车行驶或由向导引导。风速对车辆运行有影响，当风速大于 5m/s 时，严禁搬运大件物品，否则有倾翻的危险。

（40）堆垛卸货时，尽量让前倾角减小，货物略高于堆垛层或处于低位时方可前倾。

（41）不得牵引转向系统不正常及制动系统损坏的车辆。牵引车辆时，绳索应足够牢固，两车外侧应拉上护绳，防止人员进入，车辆慢行。在公路上牵引车辆时要遵守交通规则。

（42）停车时拉起手制动手柄，换档手柄置于"空档"、放下货叉。发动机停息之前，怠速运转 2~3min。车上的标牌、标识、标志有警告和操作方法。操作时严格按操作规程及车上标牌、标识、标志的要求执行。

二、检维修要点及故障处理

（1）司机发现故障，及时报告现场主管，并填写《叉车维护保养工作表》。

（2）现场主管与司机共同检查出现故障的防爆叉车。

（3）现场主管在《叉车维护保养工作表》签字并交由基层部门分管领导。

（4）防爆叉车的维修应由供应商指定的维修人员进行维修。

三、注意事项

做好每班的日常保养，于班前由该班操作工人进行，做好了日常保养，就基本能满足工作过程中的安全技术要求。根据作业量和运行时间的不同，规定了三种定期保养：一级保养、二级保养及三级保养。定期保养的目的是：在两次相邻的定期保养之间，保持完好或保持额定工作能力状态。修理是清除在生产工作过程中由于零件表面磨损、零件变形，配合破坏等原因所致故障的全部技术过程。根据工作量可分为项修和大修。项修是根据叉车的实际技术状态，确保工作能力所进行的针对性修理。项修进行更换与恢复个别部件，并进行调整。大修是修复机件的损伤和恢复其额定工作能力。大修进行更换或修复包括主要件在内的任何一个部件，并进行其调整，以修复机件的损伤和恢复其使用寿命。叉车经过一定的运用时间或完成一定的作业量后，应根据叉车的实际技术状况，定出具有针对性、预防性的修理计划。规定计划期内需要的维护保养，修理哪些叉车，以及修理类别、内容、时间、所需工时、材料、备件、费用等，以便将维修工作纳入计划轨道。计划修理是有目的地预防叉车故障和恢复额定工作状态的主要措施；一般是一年进行一次，具体需车间根据实际情况自行安排进行。

第四节　液氮安全操作制度

一、设备操作

1. 灌充

灌充分初次灌充和正常灌充。灌充前应先打开液位计压力表阀，打开放空阀和测满口，灌充过程中要严密注意观察压力表、测满口和液位计，严防超装、超压。

（1）初次灌充。贮槽使用介质进行吹除置换，达到所要求纯度。

① 将输液软管连于贮槽注液口和供液槽车出液口。

② 小量开启上注液阀及供液槽车出液阀。

③ 从取样口取样检测气体纯度，当达到所要求纯度后，开大上注液阀及槽车出液阀（不得同时打开上、下注液）。

④ 当测满口喷出液体时立即停止灌充，关闭上注液阀和槽车出液阀。同时立即打

开吹除阀，排尽输液管中残液和余气后，卸下输液软管。

⑤ 关闭测满阀和放空阀。

（2）正常灌充。

① 把输液软管连于贮槽注液口和供液槽车出液口。

② 打开吹除阀及微开槽车出液阀，排出软管中不纯气体后，关闭吹除阀，缓慢开大上注液阀及供液槽车出液阀。

③ 其余步骤同初次灌充④、⑤。

2. 送液

贮槽排放送液体时要注意观察罐内液位变化。

（1）把输液软管连接于贮槽上下注液口与槽车进液口。

（2）关闭贮槽放空阀，打开前置阀、增压阀使汽化器工作，保持贮槽内压力高于槽车约 0.2MPa 即可（注槽车应事先放空）。

（3）打开下注液阀和槽车进液阀，开始送液。

（4）当送液快结束时，关闭增压阀，用余压送，送液结束关闭下注液阀及前置阀。

（5）打开吹除阀，放尽输液软管中残液余气，卸下输液软管。

二、检维修要点及常见故障处理

1. 维护

（1）低温阀应缓慢打开和关闭，阀内密封面为软硬配合。阀门关闭时不得用力过大，更不得使用扳手或其他助力工具。若阀门冻结可用 70~80℃ 的热空气或温水解冻，不允许敲打硬开。

（2）贮槽内液体排空后必须及时关闭对外的阀门，以免大气中的潮湿空气进入造成结冰堵塞现象。

（3）全阀起跳后应复位，若无法复位和有泄漏现象应检修。注意：不可在带压状态下拆卸阀门和仪表。

2. 检查

贮槽是 Ⅱ 类低温压力容器，应按 TSG R 0004—2009《固定式压力容器全技术监察规程》作定期正常检查。

（1）正常检查：阀门应处于正常工作状态。压力表、液位计应正常工作。配管接头和阀门应不泄漏、无堵塞。

（2）定期检查：全阀每年至少检验一次。压力表按规定作定期检验。液位计按要求作定期复验和检修。

3. 常见故障

液氮罐的检维修要点及常见故障处理方法见表 7-2。

表7-2　液氮罐的检维修要点及常见故障处理方法

故障种类	排除方法
差压计指针静止时，指针偏移零上、零下1~3小格	(1)打开表盖；(2)用手指按住指针端部；(3)用T形螺丝刀轻旋指针芯；(4)松开手指；(5)重复以上步骤，直至指针回零(注：指针回零后仍可保持2.5级准确度；差压计应垂直地面安装)
贮槽内液体高度变化时，差压计指针停止于某刻度不动	将仪表退回制造厂家检查
关闭平衡阀，差压计处于工作状态时，指针停止于满刻度或零位以下不动	检查贮槽上下管路有无堵塞现象；检查低压阀、高压阀和平衡阀的开关动作是否符合操作规程
使用过程中指针抖动	检查低压阀、高压阀和平衡阀的连接是否有漏气现象

三、注意事项

（1）本设备的运行、使用必须遵照《固定式压力容器安全技术监察规程》中的有关规定，接受当地劳动部门的检察。

（2）设备操作人员应熟悉本设备的工艺流程及操作方法，熟悉了解各阀门、仪表、全阀等的功能、作用。

（3）全阀/爆破膜及抽真空阀座不得随意拧动，以免造成事故。

（4）贮槽周围必须有良好的通风条件，并设立避雷装置，贮槽应设合格的接地装置。

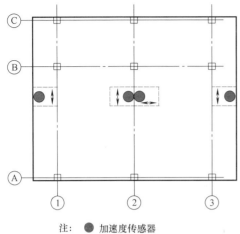

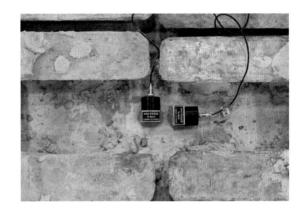

(a)

(b)

图 4.2 脉动测试传感器布置

（a）位于顶层的传感器布置图；（b）传感器布置实物照片

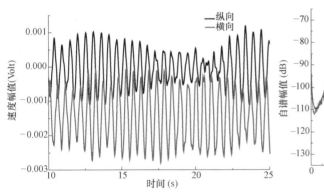

图 4.3 屋顶脉动时程曲线局部放大（Case 1）

图 4.4 屋顶脉动信号自功率谱（Case 1）

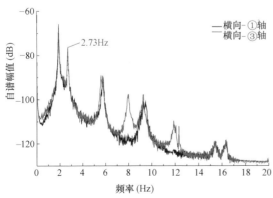

图 4.5 屋顶左右两端脉动信号自
功率谱（Case 1）

图 4.6 屋顶左右两端脉动信号傅
里叶相位差值（Case 1）

Case 2（砌墙＋1/2 配重）得到的模型顶层中心的信号时程曲线见图 4.7，其对应的自功率谱见图 4.8。该图显示，模型在砌筑填充墙以后，其纵向基频提高到 6.65Hz，横向基频提高到 13.40Hz。此时，模型横向基频远高于纵向基频，这主要由模型横向完整的填充墙（Ⓐ轴→Ⓑ轴）的约束作用所致，而位于模型Ⓐ轴和Ⓑ轴的纵向填充墙因设置了门洞或窗洞，且开洞面积较大，其约束作用明显小于未开洞的填充墙，所以纵向基频提高得不多。图 4.9 是位于顶层左右两端的同向加速度传感器得到的自功率谱信号，该图除了显示与中心点相同的横向基频外，还显示出模型扭转频率为 18.16Hz（图 4.10）。这时的扭转频率相对于未砌墙时刻提高了 5.65 倍，如此大的扭转频率增幅（Case 1→Case 2）是由于模型扭转受到了①、③轴满砌填充墙约束的影响。

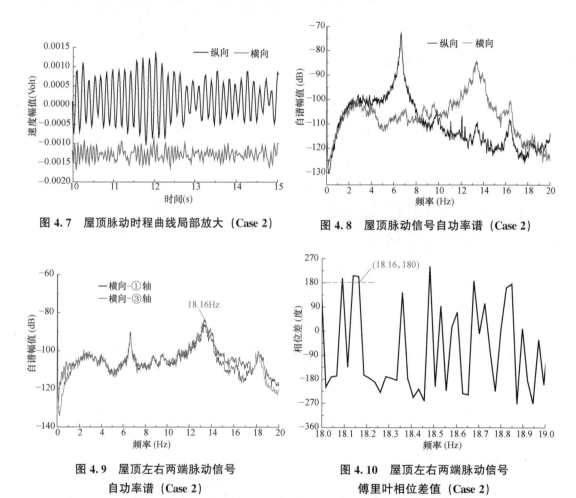

图 4.7　屋顶脉动时程曲线局部放大（Case 2）　　　图 4.8　屋顶脉动信号自功率谱（Case 2）

图 4.9　屋顶左右两端脉动信号
自功率谱（Case 2）

图 4.10　屋顶左右两端脉动信号
傅里叶相位差值（Case 2）

Case 3（砌墙＋满配重）得到的模型顶层中心的信号时程曲线见图 4.11，其对应的自功率谱见图 4.12。该图显示，配重加足以后，模型纵向基频从 6.65Hz 降为 5.55Hz，横向基频从 13.40Hz 降为 11.43Hz。此时，纵向基频相对于半配重时降低了 16.54%，横向基频降低了 14.70%。同样，位于顶层左右两端的同向加速度传感器得到的自功率谱信号给出了模型的扭转频率从 18.16Hz 降为 14.51Hz（图 4.13、图 4.14），该频率相对于半配重时下降了 20.10%。各工况获得的模型基频和扭转频率汇总于图 4.15 和表 4.3。

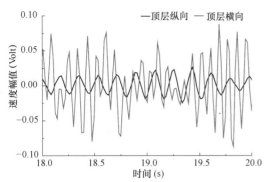

图 4.11　屋顶脉动时程曲线局部放大（Case 3）

图 4.12　屋顶脉动信号自功率谱（Case 3）

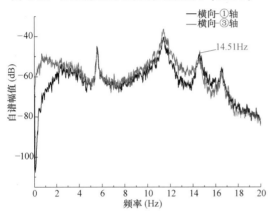

图 4.13　屋顶左右两端脉动信号自
功率谱（Case 3）

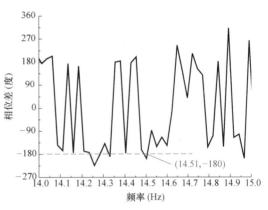

图 4.14　屋顶左右两端脉动信号傅里
叶相位差值（Case 3）

不同工况下模型基频测试结果　　　　　　　　　　　　　表 4.3

阶段	基频（Hz）		
	纵向	横向	扭转
Case 1	1.88	1.90	2.73
Case 2	6.65	13.40	18.16
Case 3	5.55	11.43	14.51
扰动后	3.42	—	—

注：表中扰动后模型纵向基频值是由沿纵向敲击模型顶层获得的底层位移信号（图 4.24）读出的。

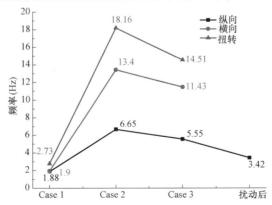

图 4.15　不同工况下模型平动基频和扭转频率的变化

4.5　敲击测试结果（模态）

敲击可以获得结构的脉冲响应函数。具体做法是：用一个长约 1m，重约 5kg 的方木敲击顶层楼板（传感器布置和触发方法见图 4.16 和图 4.17），获得顶层楼板的纵、横向速度时程曲线（纵坐标是与速度成比例的电压，该值除以传感器对应的灵敏度即可获得以国际单位表示的速度）。同时，在模型底层楼板处沿纵向布置了两个高灵敏度的位移传感器（DT-10），通过敲击也可获得高质量的位移脉冲响应。

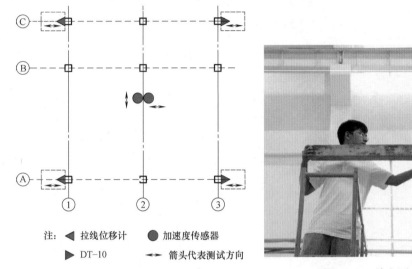

注：◀ 拉线位移计　　● 加速度传感器
　　▶ DT-10　　　　↔ 箭头代表测试方向

图 4.16　敲击测试传感器布置图
注：DT-10 和拉线位移计布设于模型底层；加速度传感器布设于模型顶层。

图 4.17　敲击测试触发方法

图 4.18 和图 4.19 显示了 Case 1（未砌墙＋1/2 配重）工况下，模型的纵、横向基频分别为 1.83Hz 和 1.86Hz，纵、横向阻尼比分别为 1.05% 和 1.33%。图 4.20 和图 4.21 显示了 Case 2（砌墙＋1/2 配重）工况下，模型的纵、横向基频分别为 6.17Hz 和 13.21Hz，纵、横向阻尼比分别为 1.61% 和 3.26%。图 4.22 和图 4.23 显示出 Case 3（砌墙＋满配重）工况下，模型的纵、横向基频分别为 5.52Hz 和 11.36Hz，纵、横向阻尼比分别为 1.89% 和 2.88%。

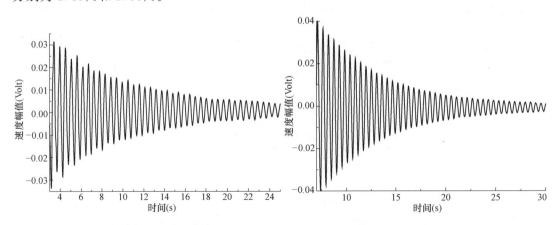

图 4.18　沿纵向敲击顶层时程曲线（Case 1）　　**图 4.19　沿横向敲击顶层时程曲线（Case 1）**